全情境適用

東大必勝說話術

東大の話し方 「口ベタ」でもなぜか伝わる

高橋浩一——著 連雪雅——譯

前言

「東大人」為何能夠成功影響他人？

「為什麼那個人不擅言詞，卻能夠讓事情如自己所願順利進行。」

進入東大後，我經常這麼想。通常一般人對東大生的印象是**口若懸河**，**能夠以犀利的觀點說服對方，如願地操控對方……**

不過，實際進入東大就讀後我發現，其實身邊有許多和我一樣不擅言詞的人。即便如此，**能夠讓事情如自己所願順利進行的人卻很多**。

過去的我連話都說不好

我從小就無法與人順暢交談，小學時一整天和隔壁的同學沒說過半句話。

「**要是說了奇怪的話，惹怒對方該怎麼辦？**」

我心中總是充滿了這樣的不安。

忘記帶橡皮擦的時候就糟了。**「借我橡皮擦」**就連這句話也說不出口，只好把寫錯字的頁數折起來，回到家再擦掉……小時候的我就是如此陰沉的孩子。

很難開口拜託對方的我，根源是來自於**「害怕被拒絕的恐懼」**。**每次和人說話時，因為太緊張而滿臉通紅，於是大家給我取了「小桃子」這個綽號**。當時的小學是六人一組吃營養午餐，同一組的同學開始玩起了「小桃子遊戲」。他們對著光是和人說話就會滿臉通紅的我說：「欸欸……天啊！他變成小桃子啦！」像這樣突然向我搭話，比賽「幾秒可以讓我臉紅」。

這樣的我上了高中去做了推銷員的打工之後，才變得勉強能夠和人交談。「在校外和其他人多講話訓練膽量……」我是基於這樣的想法選了這份打工。**對有社交恐懼症的我來說，幸運的是，透過這份打工，和許多陌生人交談成了「剛剛好的練習」**。在學校無法好好和朋友說話的我，透過反覆嘗試，從錯誤中學習，這樣的過程令我樂在其中。

過了一段時間，我的薪水提高了，比起在速食店打工的同學，賺到更多打工費。原本無法與人交談，覺得**「人生一片黑暗」**的我初嘗成功的滋味。此時我漸漸地對「說話」這件事產生了興趣與自信。

報考「東大」的理由

上高中之後，熱衷於打工的我，有個必須克服的問題**「考大學」**。

雖然剛進高中的時候成績還不錯，不知不覺我的成績已經**掉到班上倒數第二名**。高三的暑假接受補習班的全國模擬測試，我得到的分數是（滿分一百分）**地理八分、世界史十二分**的程度，這下子得想想辦法才行。

於是，我下定決心用剩下的時間認真念書，但若是以死背科目為主的學校，我自知應付不來。

所以我決定碰碰運氣，**選擇**不靠死記硬背，而是論述問題較多的**「東大」當作志願**。

東大的入學考試，每一科的考試時間長達一百～一百五十分鐘，**以論述**

問題為主。要通過這個考試，必須讀懂出題者的意圖，正確寫出「對方要求的內容是什麼」。也就是說，我必須讓閱卷老師知道「我理解問題的重點」，**讀取出題者的意圖，從目標（合格）逆推思考，掌握重點、簡單扼要地傳達對方要求的內容**。

由於每道問題都很難，即使是合格者，完全寫出正確答案的人不多，而且沒寫到正題就會被「扣分」。因此，考生的基本戰略是，比起寫完問題，讀取出題者的意圖，**避免被「扣分」**，**「賺取部分分數」**。

賣弄「知識」毫無意義

作答的時候，比起寫出許多艱澀困難的知識，**「深入理解教科書的內容，依照基本模式書寫」是原則**。以英文考試為例，即使單字或句法只有國中生程度也沒關係，假如抱著「我很懂困難的單字或奇特的句法」這種想要賣弄知識的心態，稍有錯誤就會被扣分，或是完全拿不到分數。

因此，埋頭做考古題的時候，我不斷重複練習**「站在出題者的立場」**、「掌

握重點詞句，依照基本模式」、「不踩地雷（避免被扣分）」。我把這三大重點寫在紙上，貼在書桌前，時時提醒自己，結果我如願考上東大。

「東大生」都不擅言詞?!

進入東大後，我驚訝地發現**取得學分也有所謂的「基本戰略」**。大我一歲的學長告訴我「雖然這堂課的教授很佛系，考試時如果沒有掌握○○○就拿不到學分喔」。當時學長給了我一張紙，上面列出**「教授的類型」、「應該掌握的要點」、「不可以踩到的地雷（扣分詞彙）」**。

我總覺得這三點和我準備入學考試的重點很像，仔細想想，入學考試是教授出題，這麼想來也不無道理。

如前文所述，東大生之中像我在國小、國高中時代遇到「溝通能力」很強的那種人很少，反倒是和我一樣**不懂得與人交談、不擅言詞**的人比較多。

不過，東大生儘管話說不好，說的話卻很簡單易懂，能夠順利影響他人。

「我的意見是○○○，這是因為……」、「社會大眾都是這麼說的……」，與其像這樣運用說服力，以強硬態度獲得對方的「同意」，東大生通常是很自然地實行**「無法拒絕」、很難說「不」（不易被扣分）、掌握要點的說話方式**。

最近在電視或 YouTube 會看到用奇特言行搞笑的東大生，但實際上大部分的東大生都是「普通人」。

不過，東大生會**「配合對方或當時的情況」、「把對方想聽到的話依照基本模式」、「不踩地雷，以不被扣分的形式（不讓對方說不的方式）」傳達出來並且影響對方**。

插個題外話，我就讀東大的時候，參加了**網球社**。

其他大學的網球社是帥氣具爆發力的形象，東大網球社是以「防守」贏得比賽。東大網球社將**「如何減少失誤」**視為關鍵，比起擊球速度，更重視**不失敗**的「機率論」。

所以，在練習時間也會進行對手類型的分析，掌握業餘網球的「機率論」，徹底練習「比起華麗的技術，穩固的防守更重要」與「避免失誤」

這兩件事。於是，大學畢業那一年，我以正式選手出賽的關東團體賽獲得了亞軍。

像這樣，東大生在各種場合會看清對方的類型，從目的或目標逆推思考，依照固定的基本模式，評估該怎麼做不會被對方扣分（說不或拒絕），得到「同意」，藉由實踐這套「結構」達到成果。

置身於這樣的環境，我從東大畢業進入社會，儘管那時還是像其他東大生一樣不擅言詞，但我逐漸學會如何影響對方的說話方式，能夠實際運用。

運用「結構」，和誰都能對談如流

對我來說，這套說話「結構」讓我克服了社交恐懼症和入學考試的難關，也產生了足以改變人生的深刻影響。

大學畢業後成為社會人的第三年，我和三個同伴一起創業，過了六年屢屢接到日本代表性大企業的訂單，員工約七十名，年收入成長至將近十億日圓，我成了副社長。

起初創立的這家公司經營穩固後，我決定交棒，然後創立了「業務顧問」的公司。那時我已經對「說話」這件事很有自信，所以我希望能夠幫助像過去的我一樣，對說話這件事感到困擾，工作上必須獲得顧客「同意」的人們。

原本不擅言詞的我讓「①看清對方的類型」、「②把對方想聽到的話（對方主動同意的話）依照基本模式」、「③不踩地雷地說出來」這套在東大學會的「說話結構」在業務界也發揮了驚人效果。

結果，我創下連續八年提案成功的紀錄，獲得世界與日本代表性企業的委託，協助超過四萬名的業務人士。

何謂「東大必勝說話術」？

也許有人已經發現，我所構思的影響他人的「東大必勝說話術」是這樣：

①看清對方的類型
②掌握對方的「要點」，製造讓對方採取行動的「理由」
③不踩地雷（不被對方拒絕）地說出來

這三個步驟的根基是**「不反抗對方心思的說話方式」**。

準備東大入學考的時候、要拿到學分的時候，首要關鍵是**「想像出題者或教授重視的是什麼，為了不被對方拒絕，思考應該如何傳達」**。

這套以**「客觀的思考力」**為武器的「說話術」改變了我的人生。

除了工作，我在日常生活中也會使用這個「結構」，在說話方式稍加費心，和家人或朋友的溝通變得輕鬆許多。

當我察覺到這件事時，已是無意識地使用這個「結構」的狀態，和他人對話也不再那麼恐懼。

在那段無法與人順利交談的時期，我一直很煩惱**「我真的很不會溝通，我真是沒用……」**。

不過，掌握訣竅變得有自信後，我反倒覺得**「正因為不擅言詞，才能發現這個方法（＝「結構」的存在）」**。

假如我是能夠與人對談如流、口才出色的人，可能就不會發現「結構」的存在，只是憑感覺說話。

「為了生存」的說話技巧

當然，只要使用「結構」就能經常得到別人的同意，人生可沒那麼輕鬆。不過，**對於一直很煩惱與人溝通的我，發現這個「說話結構」成為產生自信的重要契機**。

我想告訴各位：「即使對於溝通感到棘手，只要學會這個『結構』就能說出影響對方的話語。」

本書是由**像我這樣「很怕被人討厭的人」所想出來的「為了生存的說話訣竅」**。所以，如果對於說話感到棘手，**曾經被人說過「不知道你在說什麼」的人，請翻閱本書讀讀看**。

產生自信後，你會發現世界變得截然不同。若本書能夠成為讓你覺得「人生選項變多的契機」，我也會感到無比榮幸。

高橋浩一
二〇二三年一月

CONTENTS

前言 003

CHAPTER 1
「東大必勝說話術」：不反抗對方的「心思」

每天都有「請求他人」的情況 018
「無法拜託他人」的煩惱 020
努力傳達，對方卻聽不進去的三個「陷阱」 022
為什麼對方不願意傾聽你的「請求」？ 027
不可以反抗對方的「心思」 028
大腦會進行「合理化」 032
讓對方先想出「拒絕的理由」就輸了 035
說出「不」的時候的大腦 036
先製造「同意」的理由 038
比起「被拒絕之後」，「被拒絕之前」才是關鍵 039
不擅言詞也無妨！了解「結構」就會無往不利 041

CHAPTER 2
不擅言詞卻能說動他人的「東大必勝說話術」

使用「結構」就會無往不利 044
—STEP①—將對方分為「三個類型」 046
—STEP②—利用「六大要點」，製造讓對方採取行動的「理由」 050

對「邏輯型」有效的要點【好處・一貫性】……052
對「感情型」有效的要點【真心話・團結感】……053
對「政治型」有效的要點【大家・權威】……054
—STEP③—使用「四種開場白」……056
「具體」傳達請求的內容……058

CHAPTER 3

「東大必勝說話術」：將對象分為「三個類型」

把人分為「三個類型」……062
看清「三個類型」的方法……066
「邏輯型」的特徵……070
「感情型」的特徵……074
「政治型」的特徵……078
不知道如何「分類」怎麼辦？……082
讓「多數人」採取行動的訣竅……084

CHAPTER 4

「東大必勝說話術」：利用「六大要點」製造讓對方採取行動的「理由」

只要有「理由」，人就會採取行動……088
—說動要點①—讓人採取行動的要點①「好處」……090

—說動要點②— 讓人採取行動的要點②「一貫性」……092
—說動要點③— 讓人採取行動的要點③「真心話」……094
—說動要點④— 讓人採取行動的要點④「團結感」……096
—說動要點⑤— 讓人採取行動的要點⑤「大家」……098
—說動要點⑥— 讓人採取行動的要點⑥「權威」……100
理解「三個類型」×「六大要點」……102
「收集資訊」的訣竅……104
切勿心急……107

CHAPTER 5

「東大必勝說話術」：使用「四種開場白」

不可以踩對方的「地雷」……110
何謂「開場白」？……112
—開場白①—「太陽訊息」的開場白……114
—開場白②—「商量模式」的開場白……116
—開場白③—「限定」的開場白……118
—開場白④—「消除ＮＯ」的開場白……121
「具體」傳達請求內容……124
東大必勝說話術範例①……126
東大必勝說話術範例②……128
東大必勝說話術範例③……130
安排「說話順序」……132

「精簡」統整請求內容……136
想說的事控制在「三項」以內……138

CHAPTER 6

「東大必勝說話術」實踐篇

【複習】何謂「東大必勝說話術」……142
CASE①—提出請求……144
CASE②—拜託難以啟齒的事……148
CASE③—說動固執的人……152
CASE④—說動有反抗心的對象……156
CASE⑤—成功達成要求……160
CASE⑥—讓初次見面的人採取行動……164
CASE⑦—獲得反應冷淡的人的「同意」……168
CASE⑧—讓忙碌的人採取行動……172
CASE⑨—讓成員採取行動①、②……176
CASE⑩—把「拒絕」變成「同意」……184
CASE⑪—讓習慣拖延的人作決定……188
CASE⑫—促使多數人採取行動……192
CASE⑬—推銷自己……196
後記……200
參考文獻……207

全情境
適用！
東大必勝說話術

CHAPTER
1

不反抗對方的「心思」

Todai way of speaking

每天都有「請求他人」的情況

我們每天都會遇上「有求於人」的情況。

「希望對方多做點家事！」

「快考試了，希望孩子開始準備念書」

「希望對方找我去約會！」

「想坐窗邊的位子」

「希望對方盡快修好」

職場上也是如此。

「希望多增加人手」

「希望把資料改得簡單好懂」

「希望開會時能夠給點意見」

「希望對方讓我聽取意見」

「希望能夠採用我們公司的產品」

這麼說來，我曾在某本書上看到「工作時間的四成是用來影響他人」[1]這句話。若真是如此，我們「不影響他人就無法活下去（無法維持生計）」。

像我這樣的社恐族，光是想到那樣的人生就覺得心情沉重。可是，就現實面來說，人活著就得和他人互動，這是不可避免的事。

1 原註：丹尼爾．品客（Daniel Pink）《未來在等待的銷售人員》／許恬寧譯，大塊文化出版。

Todai way of speaking

「無法拜託他人」的煩惱

如序章所述，我很怕被人討厭，所以無法拜託別人，「對於拜託他人這件事感到很痛苦」。

即使下定決心鼓起勇氣，卻想不出第一句話要說什麼，心裡總是先冒出「害怕被拒絕」的不安。

「不想讓對方感到不悅，這樣說沒關係吧？」

「如果我的請求是有負擔的事，會不會造成對方困擾？」

滿腦子都是這些想法。

有些人只要坦率地拜託就會得到同意，每次看到那樣的人，老實說我總是覺得**「好羨慕喔」**。

但我常會想，與其和別人起爭執，**「不如自己做比較好」**，結果到頭來獨自承受了許多事。

然而，有時候必須讓別人採取行動，當下儘管費盡唇舌，想盡辦法拜託，最後卻落入**「越拚命說，越說不好，對方不為所動（不同意請求）的陷阱」**。

Todai way of speaking

努力傳達，對方卻聽不進去的三個「陷阱」

「努力傳達，對方卻聽不進去的陷阱」並沒有很多。大致分為三個，舉例來說分別是以下這些情況。

陷阱① 「正確的言論」無法影響對方

因為平常覺得「公司有很多不必要的事，缺乏工作效率」，所以做了調查，找到價格合理的ＩＴ工具。「只要用了這個，大家工作起來就會變輕鬆！」一再不改變沒效率的做法實在很愚蠢，更何況每個人每個月只要幾百日圓，這是部長可以決定的金額。沒道理不採用啊！於是做了這樣的提案。

「部長，我有個提議。現在公司的業務有很多不必要的事，工作起來很沒效率，我建議採用這個工具，這麼做有三個好處。第一，可以解決大家對於現況的不滿。第二，預估會達到確實的效率化。第三，費用很合理。請您考慮看看！」

害怕遭拒的人會建立穩固的邏輯，因為他們覺得只要是正確的言論，對方就會受到影響。不過，即使是合理的提案，部長卻不肯同意，直接落入陷阱。

陷阱② 逼迫作決定，所以對方聽不進去

公司開發了其他公司做不出來的新產品，目前正在舉辦使用即享有優

惠的期間限定活動。假設我是這家廠商的業務，或許會迫不及待地向客戶提案。

「敝公司推出了業界首見的劃時代新產品喔！（～用心說明商品～）這個真的是很棒的商品喔！這星期有期間限定30％的優惠，請您考慮看看！」

然而，客戶卻冷淡地回覆「這不是我能馬上決定的事，要在公司內部進行討論」。

不過，難得有這麼好的商品，很希望重要的客戶能夠得到優惠，所以試著再次通知對方：「因為數量有限，加上有優惠活動，請務必趁現在趕緊使用喔！」

但客戶依然不為所動。後來，再次告知遲遲不做出決定的客戶，活動即將結束，對方仍然以「公司內部還在討論」為由拖延，直到活動結束……果然又落入陷阱。

陷阱③ 「熱情」白忙一場

每個月會和固定成員進行一次聚餐，這次輪到我預約餐廳。上網搜尋發現某家評價很好的餐廳有一個空出的時段，剛好是一個月後的週末。雖然是很難預約的高級餐廳，價格也不便宜，但錯過很可惜。於是，趕緊說服成員。

「有一家評價超好的餐廳，只有一個月後的這天有空位。那是在名店學藝的〇〇主廚開的店，我看了網友的評價，真的很棒喔。他堅持使用有機蔬菜，洋蔥湯是店裡的特色料理。調味料也是精挑細選，只用法國葛宏德區的天然海鹽。那家餐廳真的很難預約，這真的是奇蹟。所以下個月去這家店好不好？」

不過，對於很難預約的高級餐廳沒什麼興趣的其他成員，對這個奇蹟般的機會沒什麼反應。「欸，像往常一樣去居酒屋就好啦。這家店的價格是三倍，去平價一點的地方不是比較好嗎？」儘管費盡唇舌，充滿熱情地傳達，還是期望落空，這下又落入了陷阱……

Todai way of speaking

為什麼對方不願意傾聽你的「請求」？

很努力拜託，對方卻不願意傾聽，不願意有所回應……

這是令人很難過的事，多數人會覺得那是因為**「自己的說服能力不足」**或**「對方講不聽」**。但事實並非如此，其實是**因為你說的話和對方的心思出現了「分歧」**。

為了達成「希望對方傾聽請求」、「希望對方有所回應」的目標，必須讓對方接受你說的話，**使其大腦產生「好吧，那就照他說的去做」的想法**。

不過，如果你說的話和對方的心思出現分歧，陷入**「爭執狀態」**，再怎麼努力也得不到對方的「同意」。

Todai way of speaking

不可以反抗對方的「心思」

自己說的話和對方的心思產生「分歧」，對方就不會如願做出回應，我發現這件事是在知道「大腦」的構造之後。那麼，「和對方的心思起爭執」又是怎麼一回事呢？久保健一郎先生監修的《牛頓式超圖解 大腦超有趣!!》（Newton Press 出版）書中這樣解釋人類的大腦。

皮質（大腦皮質）是人類在演化過程中最新發育的新腦。另一方面，皮質下包含杏仁核等的「邊緣系統」，以及在原始動物階段形成的紋狀體等的「基底核」是舊腦。對情感方面來說，舊腦是不可或缺的存在。

也就是說，人類的大腦是由原始動物階段形成的「舊腦」與在演化過程中發育的「新腦」這兩種腦構成。我參考各種文獻資料，對這兩種腦做出以下的解釋。

舊腦（邊緣系統等）

掌管「本能」的大腦部位，控管「舒服」、「不悅」、「害怕」等原始感情。除了人類，舊腦在其他哺乳類動物也會發揮相同作用。動物察覺到生命危險時會立刻反應、逃跑，人類也是如此，例如陌生人突然坐到自己身邊會覺得坐立難安，那是因為舊腦發揮作用，為了保護自身安全，產生防禦心。

新腦（大腦新皮質）

控管「理性」的大腦部位，掌管知識、語言、創造、倫理觀念等，人類

大腦的構造

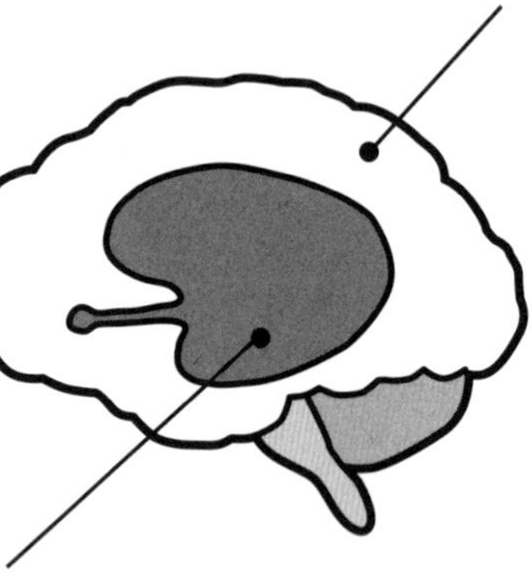
新腦
大腦（新）皮質
控管「理性」的大腦部位，掌管知識、語言、創造、倫理觀念等。
舊腦
邊緣系統等
掌管「本能」的大腦部位，控管「舒服」、「不悅」、「恐懼」等原始感情。

會用語言溝通，思考複雜的事情都是因為新腦。

自己說的話**被對方當下判斷為「危險」，對方就會產生防禦心，這就是「和對方的大腦（舊腦）起爭執」的狀態。**

好比「**陷阱①**」的「部長不肯同意提案」的例子，在你突然說出「部長，我有個提議」時，**部長的「舊腦」已經進入警戒模式，心想「幹麼！提議？到底是什麼事」。**

這時候，提出「現在公司的業務有很多不必要的事，工作起來很沒效率」這些話，會讓部長覺得受到指責，部長感受到「有危險」，所以變得更加防備。一旦變成這種情況，儘管之後提出的理由很正當，他也不會輕易認同。

「**陷阱②**」的「劃時代的新產品有30％優惠」這個例子也是如此。**「業界首見」和「現在馬上」這樣的表現讓對方感到「有風險」，於是客戶的「舊腦」起了警戒心**。

對方害怕做出「購買還不了解的新產品」這個決定，接著又聽到「趁現在趕緊決定」這種催促的話語，為此感到恐懼的舊腦發出**「別被牽著鼻子走！不可以被他說的話說動」**的警告，令客戶心生防備。

Todai way of speaking

大腦會進行「合理化」

和對方的心思起爭執的狀況也會出現在「新腦」。

新腦是控管「理性」的部位，**它有一個特徵是，對自己作出的判斷會進行合理化。**

當我們發生失誤或失敗的時候，難免會想「找藉口」。

好比**「減肥從明天開始」**這句話。

「想變瘦就得控制飲食」儘管心裡這麼想，看到最愛的蛋糕，內心感到很糾結，告訴自己「要忍住！可是……好想吃」。

多數人按捺不住這種「糾結」的心情，吃掉了蛋糕。

於是「新腦」為了將自己的行為正當化，想出「減肥從明天開始，今天吃沒關係」這樣的藉口，試圖合理化。

其他動物不會為了這種事煩惱，牠們不是憑藉「理性」，而是靠「本能」採取行動。

陷阱③的「聚餐」也是如此，即使說了「好餐廳有空位」，聽到不同以往的提議，其他成員心裡難免會感到糾結。於是，想迴避風險的心情讓他們直接作出「拒絕」的判斷，為了將判斷正當化，「新腦」開始想出各種藉口。像是「太貴了」、「只是吃頓飯沒必要去高級餐廳」等。像這樣大腦進行合理化後，導致「拒絕」的結果。

大腦的合理化是指？

發現蛋糕！

↓

想變瘦　內心糾結　**可是好想吃**

↓

吃吧！

↓

減肥從明天開始　**正當化**

就這麼辦吧

「新腦」為了將自己的行為正當化，
會想出藉口，進行合理化。

Todai way of speaking

讓對方先想出「拒絕的理由」就輸了

新腦是「合理化」的天才。因此，有求於人的時候，如果對方作了「拒絕」的判斷，要讓他改變心意願意接受是很不容易的事。那是因為，**新腦會將「拒絕」的判斷正當化，接二連三地想出拒絕的理由**。

要讓別人採取行動，**必須先想出「拒絕的理由」，在對方的心思和你的提議起爭執之前，積極地提示「同意」的理由**。也就是說，先讓對方的大腦進入「讓同意合理化的狀態」。

好比**陷阱**③的情況，如果先說「正好這次是〇週年，我們去吃點特別的東西如何？」像這樣提出提議，其他成員的大腦也許就會讓「同意」合理化。

Todai way of speaking

說出「不」的時候的大腦

和對方的心思起爭執，也就是對方說「不」的時候，可能是以下兩種情況之一（或是兩者皆有）。

①踩到對方舊腦隱藏的地雷

②對方的新腦把「不」正當化

遇到這樣的情況，能言善道的人也許認為被拒絕才是決勝的關鍵，**但對方說出「不」之後，要讓他改口同意，需要相當堅定的意志力。**所以，**一開始就不讓對方拒絕，可說是不擅言詞的人也做得到的生存戰略。**

說出「不」的時候的大腦

新提案

↓

雖然那是很棒的提案⋯⋯

舊腦　總感覺哪裡不對勁　（很危險，不要聽！）

新腦　決定不採用是正確的判斷　（自我正當化）

↓

說出「不」！

Todai way of speaking

先製造「同意」的理由

不積極避免被拒絕，默默等待對方總有一天會同意是很危險的事。

因為人總是期望**「維持現況」**。

人感到疑惑的時候，通常會選擇「以不變應萬變」。

大腦認為這麼做比較輕鬆安全。

因此，**即使抱著「對方總有一天會同意」的期待，卻得不到期望的結果**。

所以，要主動製造理由，讓對方的大腦進行「同意」的合理化。如果等到對方流露出說「不」的跡象才開始說服，那就為時已晚了。

Todai way of speaking

比起「被拒絕之後」，「被拒絕之前」才是關鍵

如今回想起來，這是我在創業後跑業務的親身經歷。

日本的業務界有句話說：「被拒絕之後才是業務的真本領」。的確，百折不撓、堅持到底向客戶提案或許是很重要的事。不過，一旦對方說了「不」，**要讓他改變心意真的很困難**。

當時我打電話要約新客戶見面時，如果對方說「我已經委託其他公司了……」予以拒絕，我只好再三懇求對方「請您再考慮看看……」。然而這麼做實在行不通。

某天，我說了這樣的話。

「也許您已經委託了其他公司，如果是這樣那正好。增加幾家下單的候補公司，對貴公司今後的下單也會成為有利的交涉。假如現在已經有確定的訂單，為了將來打算，請您和我見面，當作收集資訊的機會好嗎？」

聽到我這麼說，對方以「已經委託其他公司了」這個理由拒絕的次數頓時減少許多。對客戶來說，已經有和其他公司做生意，接到別家公司的業務來電洽詢，舊腦容易起戒心，發出**「不想再被推銷」**的訊息。另一方面，一開始就說**「也許您已經委託了其他公司」**降低客戶的警戒心，改變對方說「不」的念頭。

然後，再主動提出「能夠和現在下單的公司進行有利的交涉」、「可以從新公司收集資訊」這些**好處**，客戶自然會想「這樣的話，見個面也沒關係」，腦中進行「同意」的「合理化」。卸除「舊腦」的防備，達成「新腦」的合理化，讓我成功約見客戶的次數驟增。

Todai way of speaking

不擅言詞也無妨！了解「結構」就會無往不利

不反抗對方的心思，先製造並傳達「同意」的理由很重要。不過，不少人也會想**「不和對方的心思起爭執，獲得對方同意，那種話很難馬上就想到說出口……」**。

請放心。

就像人說「不」的時候和「大腦的結構」有關，**獲得對方同意的說話方式其實也有訣竅（結構）**。

讓對方主動「同意」的說話「結構」有三個步驟。

【STEP1】將對方分為「三個類型」

【STEP2】利用「六大要點」，製造讓對方採取行動的「理由」

【STEP3】使用「四種開場白」

只要知道「**3·6·4**」的結構，「同意」你的請求，予以回應、採取行動的人一定會變多。

第二章將針對我在「東大」學會的「說話結構」進行說明。

全情境適用！東大必勝說話術

CHAPTER 2

不擅言詞
卻能說動他人的
「東大必勝說話術」

Todai way of speaking

使用「結構」就會無往不利

在對方說出「不」之前，提出「同意」的理由，讓對方的大腦進行合理化。

雖然這種說話方式乍看不容易，但我發現只要「結構化」，任何人都能做到。

那就是前章提到的「3・6・4」結構。

後文將會說明具體的做法。

【STEP1】將對方分為「三個類型」

【STEP2】利用「六大要點」，製造讓對方採取行動的「理由」

【STEP3】使用「四種開場白」

如前所述，我在東大學會的這個「結構」，**是為了生存所需的說話技巧。**

這個技巧很適合對說話這件事感到棘手，**不想被討厭又希望對方採取行動的人。**無論再怎麼不擅言詞的人，遇到任何情況都能使用。

接下來針對各步驟進行說明。

STEP 01

將對方分為「三個類型」

這世上有各種類型的人，作決定的重點也各不相同。

例如，要換新手機的時候——

①不想聽別人介紹，自己收集資訊做比較，想自己作決定。
②如果是服務態度好的人介紹的機型就會想買。
③自己做不了決定，所以想買最暢銷的機型。

像這樣，人各有異。

因此，在說服他人，讓對方有所回應時，首先要看清「對方的類型」，思考各類型適用的說服話語。了解對方的類型就知道如何出招，讓對方容易做出「同意」的決定。

我從超過一萬名客戶的分析結果[2]，**發現人分為「三個類型」**。當然，有人會想「說什麼分類，人類才沒那麼單純」，我也是這麼想。但我確信**「即使人的個性各不相同，作決定的時候會顯現特定的類型」**。不過，因為類型會隨著時間或場合而改變，分類的時候請仔細看清**「此時此刻，眼前的對象顯現出哪種類型」**。

「三個類型」分別是指：

①邏輯型
②感情型
③政治型

2 原註：丹尼爾・品客（Daniel Pink）《未來在等待的銷售人員》／許恬寧譯，大塊文化出版。

邏輯型：根據邏輯，自己作決定的人

重視「以道理來說是否正確」，對好處或壞處很敏感，在意「到底應該怎麼樣」、「那樣真的正確嗎？」，擅長用語言表達自己的意見。在敝公司進行的調查中[3]，這類型多為判斷基準明確，想趕快作決定的人。

感情型：根據感覺，自己作決定的人

重視「是否喜歡」等感情或感覺，感情表現分明，「好開心！」、「很難過……」等，喜怒哀樂的反應強烈是特徵。此外，對「同感」、「共鳴」的感受力很敏銳，如果不被接納會感到不安。在敝公司的調查中[4]，這類型多為不擅長用言語表達，無法將想做的事或煩惱順利說出口的人。

政治型：沒有主見，以他人的意見作決定的人

重視「自己是否安全」，相當害怕冒風險的行動，在意「有沒有違反規定」、「上司是怎麼想」等，經常迴避確實表達自己的意見。在調查中[5]，這類型**多為慎重觀望，不說自己的意見，始終傾聽他人意見的人**。

配合這三個「類型」，改變說服話語很重要。

第三章會詳細說明分辨類型的方法，要讓對方有所回應，請先看清眼前的人是哪個類型。

3 原註：TORiX股份有限公司在二〇二二年五月針對一萬名客戶進行的抽樣調查。
4 原註：同原註3。
5 原註：同原註3。

STEP 02

利用「六大要點」，製造讓對方採取行動的「理由」

知道對方的類型後，配合其類型，製造不被對方的大腦封鎖，順利獲得「同意」的「理由（說服話語）」。

只要有理由，人就會採取行動。

掌握各類型容易被戳中的要點（從六大要點之中選擇），製造對方容易接受的理由。

六大要點分別是（這些要點在第四章會有詳細說明）：

● 要點① 好處

● 要點② 一貫性

● 要點③ 真心話

● 要點④ 團結感

● 要點⑤ 大家

● 要點⑥ 權威

Todai way of speaking

對「邏輯型」有效的要點【好處・一貫性】

邏輯型的要點是「好處（CP值高）」與「一貫性」。

這類型的人對於「是否合理」很敏感，只要是合乎邏輯的理由就能讓他們採取行動。

進行合理化的「新腦」有個特徵，很討厭和自己說過的話有所矛盾。

因此，具體來說**「CP值更好」（好處）、「前幾天您說過」（一貫性）**之類的話語會戳中要點。

不過，邏輯型通常想要趕快作決定，和他們說話時不要喋喋不休，簡單扼要地傳達客觀的資訊很重要。

Todai way of speaking

對「感情型」有效的要點【真心話・團結感】

感情型的要點是**「真心話」**與**「團結感」**。

這類型的人重視「對方說的是不是真心話」，對於對方的誠實坦率**感受到「這個人可以信任」就會採取行動**。

雖然「舊腦」會為了保護自己發揮作用，但感情型對於具有「同伴意識」或「共鳴」的話語特別容易有反應，激發出**「一個人很孤單不安，有同伴就很安心」**的情感。

具體來說，**「真心話」**是**「其實我也有在用」**、**「老實說真的很棒」**，「團結感」是**「請讓我和你一起思考」**之類的話語會戳中要點。

Todai way of speaking

對「政治型」有效的要點【大家・權威】

政治型的要點是「**大家**」與「**權威**」。

這類型的人會根據「是否安全」作決定，掌握他們「**不想失敗**」的特性很重要。

沒有主見的政治型很害怕「做大家沒做的事」，所以要**讓他們感覺和多數人相同，降低舊腦的警戒心，新腦也會更容易進行合理化**。

因此，對政治型來說「**排行榜**」**的資訊是必要重點**。「既然是第一名就不用擔心（絕對錯不了）」的安心感，容易讓他們採取行動。

具體來說，「**大家**」是「**大家都選這個**」、「**這個最受歡迎**」，「**權威**」

是**「業界龍頭的廠商」、「得過〇〇獎」**之類的話語會戳中要點。

以上是**「六大要點」**的簡單介紹。

回到前文換新手機的例子，有些客人（邏輯型）會因為**「這個規格最好」**有反應，有些客人（政治型）則是因為**「大家都買這個」**而有反應。依不同類型使用適合的說服話語，就會讓對方容易採取行動。

如果將這些「要點」詳細分類，數量可能數不清，全部記下來是不切實際的事。

因此，本書建議各位先記住這六大要點。

各位讀到第四章應該就會實際感受到，這六大要點的適用範圍很廣。

STEP 03

使用「四種開場白」

知道「對方的類型」，配合其類型，預想戳中「同意要點」的話語後，

只要不反抗對方的心思，說出來即可。

但這時候，必須注意一件事。

不踩地雷的說話方式，有所謂的「順序」。

請記住這件事。

商場上經常會提到「簡單扼要，從結論說起」。

可是，向上司提出請求時，如果劈頭就說「從結論來說，公司的工作效

率很差，所以為了改善這個問題，請進行〇〇」這樣的話，對方的「舊腦」會起戒心，產生反對的情感。

因此，我的建議是**在對話的開頭加上開場白**。

假如你確信直接說出來就能讓對方採取行動，那就沒關係。但，要是直接說出來，擔心對方會反對或猶豫的話，為了避免被對方的「舊腦」封鎖，最好「**在開頭加上開場白**」。

例如向上司提案時，**「我有一件事想和您商量，想借助您的力量」**，以這樣的開場白開口，就能避免上司的舊腦進入警戒模式。

儘管接下來是說「提案」的內容，**先加上開場白再進入正題，能夠讓對方有心理準備**。關於開場白，在第五章有詳細說明。

Todai way of speaking

「具體」傳達請求的內容

以上就是「東大必勝說話術」的結構。

重點是，**「區分類型」↓「掌握各類型容易被戳中的要點（從六大要點之中選擇），製造對方容易接受的理由」↓「在理由之前加上開場白，具體傳達要求的內容」**。

「具體」傳達要求的內容很重要。

例如，請求上司採用讓工作更有效率的工具時，「請您在月底前考慮是否要採用」，像這樣確實傳達期限。

如果把話說得很含糊，上司用**「謝謝，我會考慮」**這句話結束這個話題，那就得不到關鍵的同意。

尤其是在工作上有求於人的時候，**具體傳達「在何時之前」、「希望對方做什麼」**很重要。

說到向他人提出請求這件事，我常聽到有人說**「害怕被討厭，直到最後都無法清楚說出希望對方做的事」**。

過去很長一段時間，我也為此煩惱許久，但活用「開場白」、「配合類型的要點」，以「不和對方的心思起爭執的說話方式」逐漸淡化了這樣的擔憂。

請各位充滿自信，明確地傳達你的請求。

全情境適用！東大必勝說話術

CHAPTER 3

將對象分為「三個類型」

Todai way of speaking

把人分為「三個類型」

「己所不欲，勿施於人」。

這是我們從小被教導的道理。

反之，也可說是「己所欲，施於人」。

不過，根據「自己的標準」或「常識」覺得好而去做的事，往往對方未必感到開心。

舉例來說，以前我為了讓公司的年輕男員工去做每年一次的定期健檢，發生過這樣的情況。

我　「你還沒去做健檢對吧。」

男員工　「很抱歉，我最近有點忙……」

我　「我知道你忙，不過○○先生沒有做健檢是違反法規的事，這麼一來公司會收到勞動基準監督署（勞檢處）的警告通知，所以希望你趕快去。」

男員工　「……我知道了……」

我　「你好像有什麼不滿是嗎？」

男員工　「不，我並沒有這麼想……」

（看到男員工消極的反應後，我改變了說話的語氣）

我　「要是你有個萬一就糟了，而且你是公司的開心果，如果你很健康，我也會很開心。所以趁早去做檢查吧，這個月可以去嗎？」

男員工　「好的！這個月之內我會去！」

其實，站在我（經營者）的立場，希望他馬上就去做健檢。

可是，員工和法規沒有直接的關係，即使告訴他這樣會影響到公司，試圖說服，他也不會欣然去做。

因此，我想到「對了，很會製造氣氛的他是感情型」，於是動之以情，用「因為你很重要」來說服他，結果他馬上就願意採取行動。

這件事讓我實際感受到，**對「感情型」的人說道理不管用，「動之以情」的方式才有效**。

即使我一直說道理，因為不符合對方的類型，所以無法得到對方欣然同意的反應。

「把自己的情況套用在對方身上會踩到地雷」。

我重新意識到這個教訓。

每個人會採取行動的要點各不相同。

因為「類型」不同。

想要說動對方，這是非常重要的關鍵。

那麼，如何分辨對方是哪個類型呢？

本章將逐一進行說明。

Todai way of speaking

看清「三個類型」的方法

前文提到要影響他人時，首先將對方分為「三個類型」。因為各類型的溝通方式不同。

作決定的時候，有些人會明確說出「我想這麼做！」，有些人則是隨波逐流。分辨對方的類型時，請先注意這一點。

本書將**自我主張強烈的人視為「邏輯型」或「感情型」，自己的意見或主張薄弱，在意周圍意見的人視為「政治型」**。

觀察對方是用「道理」作決定或憑「感覺」作決定，判斷是「邏輯型」或「感情型」。如果是道理派就是「邏輯型」，感覺派就是「感情型」。

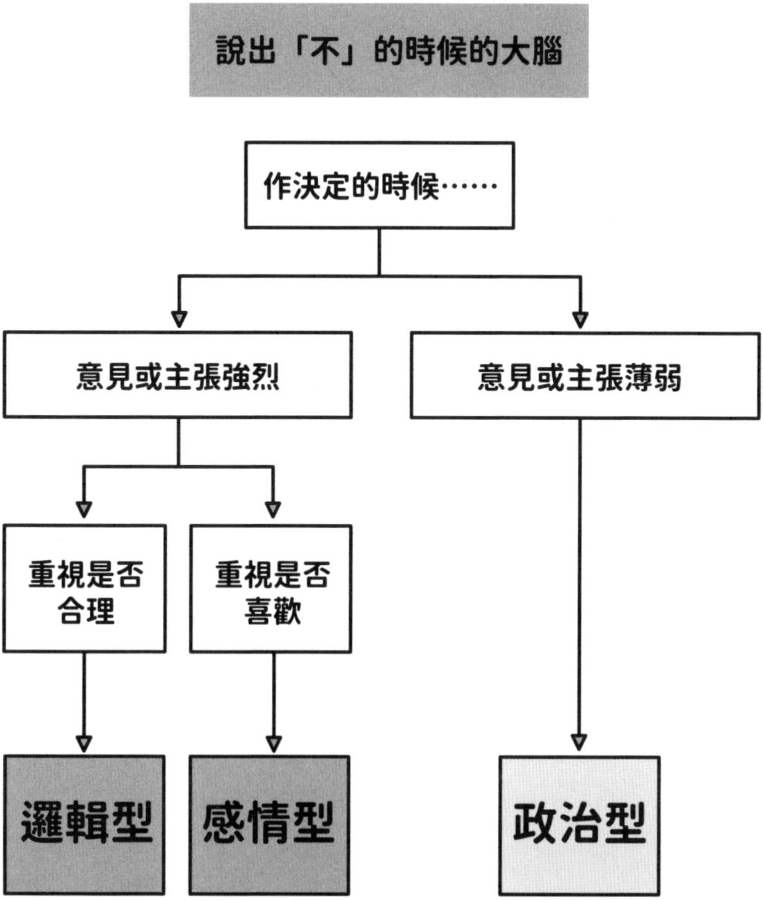

自己的「意見」或「主張」強烈，重視道理。

自己的「意見」或「主張」強烈，重視是否喜歡。

沒什麼自己的「意見」或「主張」，容易「隨波逐流」。

這世上「分類」的方法很多。

本書**推薦「邏輯、感情、政治」**這三個類型**，是因為簡單好用**。

如果只有三個類型，記住後不太會忘記，在日常生活或工作上應該也很好使用。

不過，如前文所述，人的個性各不相同，類型也會依狀況而改變。

所以，要讓對方採取行動時，記住「人作決定的時候會顯現特定的類型」，仔細看清「此時此刻，對方顯現出哪個類型」。

順帶一提，這三個類型是我根據過去協助了超過四萬名業務進行的「客戶分析」得到的結果。

在業務界，業務不是只靠一張嘴，而是「讓客戶有所行動（作決定）」才有價值。

我接受過四萬名業務的諮商，過程中確實感受到「配合人（客戶）的類型的說話方式」有驚人效果。

多數的業務不管面對怎樣的客戶，通常都是同一套說詞。

那麼做無法影響他人。

因此，我把在東大學會的**「配合對方的類型」、「不被扣分的說話方式」**搭配業務場合使用，結果**確實提升了客戶「採取行動（獲得同意）」的成功率**。

以「客觀的思考力」為基礎的「東大必勝說話術」不只是在業務場合，所有「想讓對方採取行動」的情況——除了工作，面對家人或另一半、朋友等廣泛的人際關係時——都能活用這個技巧。

不過，我也經常聽到有人說**「分類很難」**。

接下來，針對各類型的特徵再進一步詳細說明。

Todai way of speaking

「邏輯型」的特徵

「邏輯型」擁有強烈的自我意見或主張，重視「是否合理」、「是否正確」。新腦會讓「理性」發揮作用，邏輯型的這種傾向更為強烈。例如**「雖然不喜歡那個業務代表的為人，但這個產品不錯，那就買吧」**，會作這樣的判斷就是邏輯型的特徵。

邏輯型的口頭禪

- 「總而言之」、「結論是」、「重點是」↓尋求整理過的內容
- 「那是因為」、「理由是」、「根據是」、「因此」、「於是」↓尋

求內容的連結性
- 「好處」、「CP值」↓對得失很敏感
- 「原本」、「本質上」、「應該～」↓回歸原理原則
- 「你這樣說過對吧」、「這樣不矛盾嗎？」↓重視一致性

邏輯型的特徵

- 語速很快
- 尋求根據邏輯的說明
- 數字觀念強
- 沒什麼感情的起伏
- 遇到「不正確的事」會感到煩躁

邏輯型會採取行動的要點

- 有「好處」就容易採取行動
- 有「一貫性」就容易採取行動

不能對邏輯型做的事

- 沒有清楚歸納想法，自顧自地長篇大論
- 讓他們感到「吃虧（不划算）」
- 覺得時間被浪費
- 試圖以誇張的感情表現強迫他們採取行動
- 用沒有內容的「形式」或「場面話」強迫接受

不能對邏輯型說的話

- 「雖然還沒整理好」
- 「我的數字觀念不太好」
- 「總之這是我剛剛想到」
- 「純屬我的主觀」
- 「這是老規矩」

想約邏輯型的人去吃飯的話……

「你之前說過想找氣氛佳
又好吃的義式餐廳，
我有找到一家不錯的店，
要不要一起去？」
【以「一貫性」說動對方】

邏輯型

「那家店味道是高級餐廳的等級，
一個人只要三千日圓，CP 值很高。
要不要一起去？」
【以「好處」說動對方】

Todai way of speaking

「感情型」的特徵

「感情型」擁有強烈的自我意見或主張，想自己作決定，但**「是否喜歡」**或**「重視難以言喻的感覺」**這樣的特性，和邏輯型有所不同。舊腦對「直覺」或「本能」很坦率，感情型會**更強烈尋求共鳴，想和對方心靈相通**。

強烈地「希望被察覺」、「希望被了解」，對他人的表情或氣氛很敏感，如果對方沒有敞開心胸，他們就會覺得**「不知道對方的真心」**、**「無法共鳴」**。

感情型的口頭禪

- 「我喜歡」、「我就是討厭」→喜惡分明

- 「總覺得」、「雖然是主觀」、「~的感覺」↓顯現無法言喻的感覺
- 「很鬱悶」、「恍然大悟」、「糟糕」、「完蛋了」↓表達內心的感受
- 「超○○」、「無敵○○」↓誇張的表現
- 「坦白說」、「其實」↓尋求坦誠的溝通

感情型的特徵

- 感情起伏激烈
- 誇張的肢體動作
- 不擅閱讀大量的資訊或長文
- 無法好好用言語表達而感到焦急
- 尋求與他人的共鳴

感情型會採取行動的要點

- 聽到「真心話」就容易採取行動
- 感受到「團結感」就容易採取行動

不能對感情型做的事

- 不配合他們的反應或氣氛
- 傳送大量的資訊或文件
- （自己）不太主動說話
- 隱藏真心，冷淡陳述第三者的意見或邏輯

不能對感情型說的話

- 「從結論來說（簡而言之）」
- 「沒有不做的理由對吧」
- 「暫時放下你的情緒」
- 「資料顯示是這樣」
- 「這是規定」

想約感情型的人去吃飯的話……

「因為我們是一個團隊，
我想多了解關於你的事，
今天要不要一起去吃午餐？」
【以「團結感」說動對方】

感情型

「我一直很想約你去吃飯，
今天要不要一起去吃？」
【以「真心話」說動對方】

Todai way of speaking

「政治型」的特徵

「政治型」不會主動提出自己的意見或主張，重視「別人怎麼想」或「是否安全」。沒有明確的自我判斷基準，**「容易隨波逐流」、「不承擔風險」**，**以「他人的意見」作判斷**。舊腦的「防衛機制」很明顯，為了拖延作決定，新腦進行合理化的作用也很強烈，營造出**「難以作決定」**的形象。

政治型的口頭禪

- 「〇〇先生／小姐說～」↓引用第三者的發言
- 「社長的想法是」、「社會大眾這麼認為（普世價值）」↓重視第三者（有立場的人）的意見。

●「我會考慮」、「請讓我想一想」↓迴避當場表明意見
●「排行榜是」、「市占率是」↓對社會的排名很敏感
●「風險很高」、「不要做比較好」↓對於承擔風險感到消極

政治型的特徵

●和多數人在一起的時候，通常比較慢發言
●經常拖延作決定
●特別顧慮職位高的人
●迴避做出承諾
●安排規避風險的計畫

政治型會採取行動的要點

●如果是「大家（都這樣）」就容易採取行動
●若是有「權威」的事物就容易採取行動

不能對政治型做的事

- 以自己的步調催促他們盡快做出結論
- 要求對方代表所屬組織給予意見
- 讓他們感受到有風險的不安
- 讓他們感受到評價下滑的危險
- 試圖以感情動搖

不能對政治型說的話

- 「希望現在能給我回覆」
- 「沒做過就不知道，先做再說」
- 「雖然沒有實際成果」
- 「即使被社長反對」
- 「雖然這是初次嘗試」

**想約政治型的人
去吃飯的話……**

「那家店是很有名的藝人
在社群上狂推的餐廳，
今晚要不要一起去？」
【以「權威」說動對方】

政治型

「大家都說那家店很棒，
我已經預約好了，
你要不要一起去？」
【以「大家」說動對方】

Todai way of speaking

不知道如何「分類」怎麼辦？

只透過短暫的對話，有時會「搞不清楚」對方的類型，我也覺得「分類很困難」。

好比做生意的時候，聽到客戶說**「這個CP值很好，感覺不錯。不過……那個我也蠻喜歡，真難選啊」**，很難判斷對方是「邏輯型」或「感情型」對吧。

遇到這種情況，我會化身為在黑暗大海中發光的「深海鮟鱇」，照亮客戶的周遭，緩慢游動觀察對方。

這時候盡可能不要說話，趁隙提問就好。

這麼一來，對方就會主動說話，你要專心傾聽。**透過這樣的對話方式漸**

漸就能看清對方，鎖定類型。

例如，多聊一會兒之後，如果對方聽到「這個CP值好，而且很耐用喔」這樣的話會有反應，那就表示他是「邏輯型」。假如聊到最後，對方依然很重視自己的感覺，很有可能是「感情型」。

感到疑惑時，試著透過提問，確認對方的類型。

Todai way of speaking

讓「多數人」採取行動的訣竅

最後要告訴各位的說話技巧是，說動整個團隊或說服家族成員等**「讓多數人採取行動」的情況該怎麼做**。

如果想從「邏輯型」、「感情型」、「政治型」三個類型的人取得同意，**只靠一次的談話很難同時獲得同意。**

或許這麼做有些費事，但我建議**「比起一次說服三個人，分三次個別說服」**更容易成功。

首先，依照各類型，用容易取得同意的說服話語獲得各自的「同意」後，趁三人同時在場時，進一步取得最終的「同意」。

若無法個別進行溝通，必須把三個人找來一起說服的時候，**鎖定核心人物下手**。

過程中，當核心人物流露出「同意」的氛圍，再瞄準剩下的兩人下手。

如果有能夠一次說服所有人的高超溝通能力，那是很棒的事，但真的很難做到。

有求於人的時候，盡可能仔細周到，才會提高成功率。

請各位記住，讓他人採取行動的場合，要達到「效率化」並非容易的事。

CHAPTER
4

利用「六大要點」製造讓對方採取行動的「理由」

Todai way of speaking

只要有「理由」，人就會採取行動

第三章針對「邏輯」、「感情」、「政治」三個類型進行了說明。**假如搞錯類型，用錯方法、踩到地雷，可能會被對方的「舊腦」封鎖，請務必留意。**

此外，為了不和對方的心思起爭執，順利獲得「同意」，讓對方採取行動，只是不被舊腦拒絕還不夠，必須**讓「新腦」進行「同意」的合理化**。

要讓對方的新腦進行合理化，在對方說出「不」之前，**主動「製造同意的理由」**很重要。

因為**「對方先想出拒絕的理由就輸了」**。

本章將為各位說明如何利用「**六大要點**（**①好處 ②一貫性 ③真心話 ④團結感 ⑤大家 ⑥權威**）」，製造讓對方採取行動的「理由」。**只要有理由，人就會採取行動**。因此，我要告訴各位，如何製造「理由」促使對方的「新腦」進行合理化，主動積極獲取對方的「同意」。

在序章也有提到，東大入學考的訴求是「活用固定的基本模式」，說話方式也是如此，好好活用基本模式，就能輕鬆達成讓對方採取行動的溝通。**記住大量的說話模式是不切實際的事**，鎖定「一定要學會並加以活用」的模式，提高活用度很重要。

接下來為各位說明，如何利用六大要點，製造讓對方「同意」且採取行動的理由。

說動要點

01 讓人採取行動的要點①「好處」

要讓人有所行動，「好處」很重要。

這是以「有行動有好處」或「不行動會吃虧」的理由，讓對方採取行動的要點。特別容易被戳中要點的類型是「邏輯型」。像是這些話語：

「這個的CP值最好」

「現在買有優惠」⇔「現在不買很吃虧」

「對你的將來有幫助」

「現在寫功課，晚上可以打電動」

重點是，**讓對方知道會有好處**。

例如，想讓邏輯型的部下採取行動，「這樣會讓公司的收益增加」、「（上司）我會幫忙」是ＮＧ說法，應該要說「**這對你有好處**」，提示對方會有好處。

此外，「不行動會吃虧」也是暗示對方會有好處的一種方式。

無法立刻想到好處的時候，比起確實的好處，**「這麼想的話是有好處」**、**「比起來感覺划算」**，像這樣擴大範圍去思考比較容易想到。

以獲得「同意」為前提，準備兩個「還不錯的選項」，讓對方從中擇一也是戰略之一。好比這些情況：

「現在有三個月5％折扣與六個月10％折扣的優惠專案，您覺得哪個比較好呢？」

「國語作業和數學作業，你先寫做起來比較輕鬆的作業好嗎？」

說動要點 02

讓人採取行動的要點②「一貫性」

「一貫性」是指「達成一致性」、「話語內容有連貫」。

也就是說，和過去沒有矛盾，適合利用這個要點的類型也是「邏輯型」。

像是這些話語：

「我已經根據您的意見做了修改（請同意）」

「因為您說『輕一點的比較好』（您覺得這個如何呢？）」

「這個商品能夠解決您以前提出的需求（請購買）」

「結婚前說好要一起分擔家務（你要洗碗盤）」

「因為你說想考上那間學校（好好念書吧）」

製造和過去的發言沒有矛盾的理由，這麼一來，邏輯型的人就很難說「不」。

不過，以「**過去的發言**」這個鐵證出招，可能會有讓對方覺得**「被迫做出承諾（或是被抓到把柄）」**而產生反感的風險。利用「一貫性」這個要點之前，請先觀察現場的氣氛或斟酌彼此的關係。

說動要點

03

讓人採取行動的要點③「真心話」

藉由說出「真心話」產生共鳴，讓對方採取行動。

適合利用這個要點的類型是「**感情型**」。

不過，說「真心話」並非向對方投射敵意，和對方吵架。「為了和對方建立良好的關係」才是說真心話的重點。像是這些話語：

「其實我是貴公司的粉絲（請和我們做生意）**」**

「以個人立場來說，我認為這個最好（您覺得這個提案如何？）**」**

「如果您願意答應，我會非常開心（請您考慮看看）**」**

「我是很認真地為你著想（希望你採納我的意見）**」**

「我真的很期待（希望你好好加油）」

利用這個要點時，坦率表達真誠的感情很重要。**因為真誠的感情會直接影響對方的「舊腦」**。

不過，假如說出口的話和你顯現的（表情或動作）感覺有落差，反而會被扣分，對方可能會覺得你在說謊。

「坦誠以對」這件事，無論在哪種情況都很重要，**切勿以算計他人的心態利用「真心話」這個要點**。

說動要點

04

讓人採取行動的要點④「團結感」

藉由和對方的「**團結感**」，讓對方採取行動。適合利用這個要點的類型也是「**感情型**」。多數動物具有「群體」或「團體」行動的本能，人類在社會上生活也是如此。利用「團結感」影響他人時，可以這麼說：

「**因為我們是團隊**（一起努力做好這份工作）」

「**我想和你一起創造理想的型態**（請採用這個提案）」

「（我也會製作資料）**一起向社長提案吧**」

「（爸爸也會好好學習）**一起努力學習吧**」

「**我認為這是我們的問題**（希望你傾聽我的請求）」

「團結感」來自於彼此的連結，「想要建立良好的關係」這種積極的念頭越強烈越具有說服力。

利用團結感這個要點時，就像「真心話」一樣，一旦產生「為了自己利用對方」的私心，會被對方的「舊腦」敏銳察覺到，所以**要留意別讓對方覺得「這是虛偽的團隊意識」**。

說動要點

05 讓人採取行動的要點⑤「大家」

「大家的意見」就像古裝劇裡將軍拿出的令牌，適合利用這個要點的類型是「政治型」。

「政治型」注重安全、相當謹慎，因為在意有無風險，「那是大家的意見」這種話會降低他們心中的風險意識。像是這些話語：

「這是人氣第一（請您考慮看看）」

「這是評價最好的企劃（請您採用）」

「同業的其他公司也有在使用（請採用）」

「最近家庭『煮夫』很受歡迎（希望你也能下廚做菜）」

「這是風評很好的店（要不要去這家店？）」

「大家」這個對象有時是社會大眾，有時是身邊的事物，無論是何者，**「大家」必須是對方覺得有意義的團體，這點很重要。**

例如，孩子請求父母買東西給自己時，「〇〇家也有買這個遊戲給他」這樣說反而被父母訓斥「別人家是別人家，我們家是我們家」。這時候不要只說其中一位朋友的名字，試著多講幾位雙方父母關係良好的朋友的名字。向對方提示有強烈影響力的「大家」，對方就無法忽視請求。**如果「大家」是身邊的事物，數量越多越具有說服力。**

說動要點 06

讓人採取行動的要點⑥「權威」

適合利用「權威」這個要點的類型也是「政治型」。

在意是否安全的政治型，對影響評價的場合很敏感，如果說「那位名人這麼說」、「（不採取行動）評價會下滑」之類的話，容易讓他們採取行動。

像是這些話語：

「有名的A公司也已經參與（請貴公司也參與）」

「社長也很專注這個專案（請給予協助）」

「已經通過業界最高等級的品質測試（請採用）」

「這是那本熱門雜誌推薦的旅館（要不要去住住看）」

「那位網紅也說讀書很重要（好好念書吧）**」**

為了利用「權威」這個要點而引用第三者時，先確認對方對那個事物有無興趣。例如，業務告訴客戶「那家公司也有採用喔」，像這樣提出實際成果的情況，讓客戶覺得「那家公司也有採用的話可以放心」的企業名稱很重要。

另一方面，利用「權威」這個要點時，要留意**「不採取行動會影響評價」**這句話會有威脅對方安全的風險，所以必須謹慎斟酌表達方式。

Todai way of speaking

理解「三個類型」×「六大要點」

前文依序說明了「六大要點」，各位覺得如何呢？

讓「邏輯型」容易採取行動的要點是「好處」與「一貫性」。

「好處」透過比較兩種事物或評估CP值會變得更明確，這對習慣彙整資訊的「邏輯型」是特別容易有反應的「要點」。

另外，考量到「新腦」的合理化作用，以是否正確來作決定的邏輯型對「**一貫性**」很敏感，這點也必須掌握。

一旦產生矛盾，對方馬上會覺得「很可疑」，如果想影響邏輯型的人，準備有一貫性的理由很重要。

讓「感情型」容易採取行動的要點是「真心話」與「團結感」。

「舊腦」的作用是容易連結直覺或本能，尤其是「感情型」，如果發現你的「話語」和「表情或動作」有落差，立刻會察覺是謊言。所以，面對這個類型要坦誠表達**「真誠」**的感情，**建議從善意、好感這方面引導出對方的「同意」**。此外，提出你和我是同伴的**「團結感」**也很重要。

在意是否安全的「政治型」，容易被說動的要點是「大家」與「權威」。

「舊腦」對於「被排擠」這件事會感到危險而發出警訊，尤其是「政治型」很堅持「和大家一樣」。被團體排除在外，對動物來說是攸關生死的大事，政治型的這種感覺特別敏感，他們總是覺得**「和大家一樣就會很安心」**。

另外，就像動物的群體或團體裡有「老大」那樣的階級制度，**「權威」**也會對政治型造成很大的影響力。

請各位好好深入理解「三個類型」與「六大要點」。

Todai way of speaking

「收集資訊」的訣竅

讀了「六大要點」的說明，或許有人會想「雖然利用要點製造讓對方採取行動的『理由』很重要，但要當場想出理由好像很難」。接下來，傳授各位為了製造理由如何收集資訊的三個訣竅。

訣竅① 仔細傾聽對方說話

例如，想要利用「過去發言的一貫性」影響「邏輯型」，平常就要傾聽對方說的話，關注他說的內容。**與對方對話的過程中，一定會有製造理由的提示。**

要讓他人欣然採取行動，**「理解對方」的心態是前提**。

本書一再強調「不擅言詞的人也沒問題」，**無法流暢表達，對說話這件事感到棘手的人應該很懂得「傾聽並理解對方說的話」**，所以請好好傾聽。

訣竅② 仔細觀察對方

與人對話的時候，偶爾會看到對方「積極（或消極）的反應」。**顯現對方反應的小動作也是讓對方採取行動的提示**，平時多留意「觀察」對方，應該能夠從他的表情或語氣中發現，哪些要點容易有反應。

例如，因為**沒聽到你的「真心話」，動作顯得有些急躁的話**，對方可能是**「感情型」**。多留意對方有無尋求「真誠溝通」的跡象。主動說出真心話，容易讓感情型採取行動。

假如對方流露出對風險感到不安的感覺，就要做好應付「政治型」的準備，提出**「能夠安心的理由」**讓對方採取行動。

只要仔細「觀察」，很容易預測出對方的「要點」，再好好活用要點，製造理由。

訣竅③　保存有用的資訊

假如要用「一貫性」當作影響「邏輯型」的理由，保留「對方過去提出的改善要求」。若是要用「權威」當作影響「政治型」的理由，平時多留意排行榜資訊。**建議各位保存能夠在關鍵時刻派上用場的資訊**。

我在瀏覽網路文章或社群網站時，如果看到覺得「或許有用」的資訊就會通通存到「之後可能會用到」的資料夾。

Todai way of speaking

切勿心急

本章最後想告訴各位，**「即使現在無法馬上製造讓對方採取行動的『理由』也不要心急」**。

家人、朋友、工作上有往來的人……你和這些希望對方採取行動的對象不會「只有一次」交談機會。

如果是有持續互動的人際關係，即使無法馬上順利溝通，多嘗試幾次漸漸就會掌握訣竅。

「我要用華麗的說明技巧一次解決！」不必那麼拚命，試著以長遠的眼光思考。

首先，確實做到**「不踩對方的地雷」**。

人或多或少都有**「偏見」**。要讓對方採取行動時，如果對方產生了負面的偏見，會成為很大的絆腳石。

屢屢踩到對方的地雷，對方會牢記在心。沒有察覺到這件事，讓「負面的偏見」在關鍵時刻成為「拒絕」的原因就太可惜了。

因此，要建立長久的良好關係，**「仔細傾聽對方說話」、「仔細觀察對方」很重要**。

不過，**有時會遇到「這次的工作不能失敗」、「必須一次搞定」的情況**。所以為了有備無患，請各位閱讀本書，盡可能做好準備。

平時多多練習如何利用這些「要點」，一定能提高勝率。

全情境適用！東大必勝說話術

CHAPTER 5

使用「四種開場白」

Todai way of speaking

不可以踩對方的「地雷」

利用配合對方類型的要點，製造讓對方「同意」的理由後，接下來只要說出口即可。

這時候要留意一件事，那就是第一章也有提到的**「不要反抗對方的心思，不踩地雷說出來」**。

因此，在對話的開頭要使用「開場白」。假如突然對很忙的人說「有件事想拜託你……」，對方會覺得「寶貴的時間要被占用了！」，啟動警戒模式。

如果是這種情況，先說**「方便占用你一分鐘時間嗎？」**再進入正題，**這樣可以避免被對方的「舊腦」（警戒模式）封鎖**，這就是開場白的作用。

本章要介紹**「四種開場白」**，分別是：

- **「太陽訊息」的開場白**
- **「商量模式」的開場白**
- **「限定」的開場白**
- **「消除NO」的開場白**

請各位依照狀況，酌情使用適合的開場白。

選定開場白之後，只要具體傳達**對方會採取行動的「理由」**（請參閱第四章）與**請求的內容**即可。

Todai way of speaking

何謂「開場白」？

「**拜託你就這一次**」，這句話應該很多人都說過，我也是。而且不只一次，說過好幾次……

本書的「**開場白**」是指，在對話開頭先說的一句話。

如果想要影響對方，不被對方的舊腦封鎖很重要。

「開場白」很有效，好好使用開場白，能夠確實提升對方傾聽請求的機率。

例如，向上司提案的時候，先說「**想借助您的力量**」，**防止被對方的舊腦封鎖，同時促使上司做好心理準備**。接下來針對四種開場白進行具體說明。

開場白有哪四種？

太陽訊息

（以正面的話語開口）

例）
最近謝謝您
感謝您平時的幫忙
……等等

商量模式

（借助對方的力量）

例）
我有一件事想和您商量
想借助您的智慧
……等等

限定

（利用「只～」營造重要性）

例）
拜託你就這一次
只有拜託你
……等等

消除 NO

（消除預想的拒絕話語）

例）
我知道您很忙
不好意思，
我想早點和您商量
……等等

開場白 01

「太陽訊息」的開場白

相信各位都知道《伊索寓言》的「北風與太陽」這個故事，這種開場白是利用像「太陽」那樣積極正面的語氣，消除對方的警戒心。

當對方的舊腦認為「自己會有危險降臨」時，立刻就會啟動警報，不願意傾聽你接下來要說的話。

因此，有求於人的時候，不要用消極負面的話語（北風），而是**用對方容易接受的積極正面的話語（太陽）開口。例如「感謝」或「同意」之類的話語，這就是「太陽訊息」的開場白。**藉由這種開場白達成「讓對方願意傾聽」的狀態。

舉例來說，像是這些情況。

「希望對方改掉經常遲到的習慣」

▼

「**〇〇先生工作效率好，幫了我很大的忙。**希望之後你能做到不遲到這件事。」

「希望對方多做點家事」

▼

「**最近你真的幫了我很多，**我想再拜託你幾件事。」

比起初次見面的人，對已經有關係的對象使用太陽訊息的開場白，可用的資訊較多，比較好用。但請注意不要太刻意，假如話語和你表現出來的感覺有落差，對方的舊腦會啟動「有點可疑喔」的警報。

開場白 02

「商量模式」的開場白

我在二十五歲的時候創業，往後的數年，大部分的員工都比我年長。

當時為了要讓年長的員工採取行動，我不斷地嘗試，從失敗中學習。某天我發現，**在對話的開頭先說一句「有一件事和你商量」，溝通就會變得很順暢。**

即使實際情況是「指示」或「請託」，以「商量」的形式向對方開口，能夠減輕對方的抗拒感，防止對方產生防備心。

在對方內心有抗拒感的狀態下勉強進行對話，就會觸動對方舊腦的警報，很難獲得「同意」。因此，若是有難度的提案，試著採取「商量」的形式。

舉例來說，像是這些情況。

「這個，好像有點鹹？」

▼

「**有件事跟你商量一下**，做菜的時候，調味可以再淡一點嗎？」

「部長，我有一個業務改善的提案。」

▼

「**部長，我想借助您的智慧**，關於團隊的業務改善這件事……」

這種開場白對於**職位或年齡高於自己的對象特別有效**。假如只是單方面傳達事情，可能會把氣氛弄僵，透過商量的方式可維持良好關係，說出請求。

雖說是商量，也必須傾聽對方的意見。有時商量過後，對方會有出乎意料的反應，請先做好心理準備。

開場白 03

「限定」的開場白

這就是本章開頭提到的「拜託你就這一次」。

比起普通的請求，這樣說感覺是相當重要的請求。「拜託你就這一次」意謂著「這輩子就這一次，非常重要的請求（所以請你幫幫忙）」。

「限定」的開場白透過「只～」的表現方式，營造請求的重要性。「此生唯一一次」、「只有你」、「只有我」、「只有一個」、「只有現在」等，利用表現限定的話語，讓對方的舊腦察覺「可能是重要的資訊（不能錯過）」。

舊腦會連結生存本能，認為錯過重要資訊可能會讓自己陷入危險。因此，**使用限定的開場白，讓對方傾聽重要的資訊，採取行動**。舉例來說，像是這些情況。

「拜託你做這件事」

▼

「**因為是你**，所以想拜託你做這件事」

「希望你改掉〇〇這件事」

▼

「**只有我敢對你說這種不好聽的話**，但我希望你改掉〇〇這件事……」

「關於~想拜託你」

▼

「**只有一件事**想拜託你……」

這種開場白用在「**就是現在**」的關鍵時刻，或是過去不管怎麼說都不改變態度或行動的對象，說出「**這次真的拜託你**」會特別有效。

「限定」會讓話語增加力量，但使用太多次反而會讓對方起疑心，覺得「每次都說『因為是你』，我該不會是被利用了吧？」太頻繁使用這種開場白會讓你變成**狼來了的少年**那樣失去信用，請務必留意。

開場白 04

「消除NO」的開場白

不想聽到周圍的噪音，越來越多人使用有**降噪功能**的耳機聽音樂（我也有在使用）。大致說來，那是讓想消除的聲音的聲波與相反（反向）的聲波撞擊，消除聲音的結構。

「消除NO」的開場白是模仿降噪功能的表現。預想對方可能會用「這樣的話拒絕」，**在對話的開頭先說出「相反」的話語，消除預想到的拒絕話語**。

例如，要拜託很忙的人，預想對方會以「我很忙」拒絕。這時候，只要說**「我知道您很忙，但還是想拜託您……」**或**「如果您沒有急事的話」**，對方就很難用「我很忙」為由拒絕。

另外，還有這些情況。

（找完美主義的上司商量事情的時候）

「有點事想跟您商量……」

▼

「不好意思，我想早點和您商量這件事……」

（向優柔寡斷的客戶詢問感想）

「關於敝公司的提案，您覺得怎麼樣？」

▼

「我想您可能還在猶豫，就算是現在的感覺也沒關係，請問您覺得這個提案如何？」

雖然這種開場白會逆轉可能被拒絕的情況，有時也會讓對方覺得**「沒有反駁的餘地」**，為了避免破壞人際關係，用字遣詞要盡量柔和。

Todai way of speaking

「具體」傳達請求內容

完成了「開場白」↓「理由」，之後只要傳達「具體的請求內容」即可。

有求於人的時候，明確說出「希望對方在何時之前做什麼事」。

不擅言詞又不懂得拜託他人的我，對於告訴別人「希望你做這件事」會感到恐懼。**不過，如果「請求的內容」說得含糊不清，對方無法清楚了解，最後就會不了了之。**

先說開場白，再說出會讓對方「同意」的理由，光是這麼做，對方的大腦已經有「合理化的材料」。**接下來只要鼓起勇氣，用自己的話確實傳達「希望對方在何時之前做什麼事」**。

我知道
您很忙
前幾天
你真的幫了我
很大的忙！
只有一件事
想和您商量
(這件事)
今天無論如何
都想請你幫忙
我想請您
幫個忙
我只能
拜託你了

用開場白防止被對方的舊腦封鎖

東大必勝說話術範例①

週末要搬家，希望朋友來幫忙

邏輯型

（開場白）希望你能幫我一個忙（商量模式）
（理由）我會請你吃晚餐（好處）
（請求內容）週末可以幫我搬家嗎？

感情型

（開場白）這件事只能拜託你了（限定）

（理由）我一個人真的做不來（真心話）
（請求內容）週末可以幫我搬家嗎？

政治型

（開場白）如果你沒有急事的話（消除NO）
（理由）□□和○○都會來（大家）
（請求內容）週末可以幫我搬家嗎？

東大必勝說話術範例②

希望前輩開會別再遲到

邏輯型

（開場白）如果您沒有急事的話（消除ＮＯ）

（理由）想早點結束會議去午休（好處）

（請求內容）下次可以請您準時來開會嗎？

感情型

（開場白）剛才的會議，真是太謝謝您了！（太陽訊息）

（理由）沒有前輩在的話就沒辦法開始（團結感）
（請求內容）下次可以請您準時來開會嗎？

政治型

（開場白）有一件事想和您商量（商量模式）
（理由）因為大家都很準時參加（大家）
（請求內容）下次可以請您準時來開會嗎？

東大必勝說話術範例③

希望部下提出達成目標的計畫

邏輯型

（開場白）上次謝謝你！（太陽訊息）
（理由）為了解決以前〇〇先生／小姐在面談的時候提出的問題（一貫性）
（請求內容）可以請你在本週內提出達成目標的計畫嗎？

感情型

（開場白）我沒有對別人這樣說過（限定）

（理由）因為我特別看好你（真心話）
（請求內容）可以請你在本週內提出達成目標的計畫嗎？

政治型

（開場白）如果有困難，我會幫忙（消除NO）
（理由）公司要求所有員工都要提交（大家）
（請求內容）可以請你在本週內提出達成目標的計畫嗎？

Todai way of speaking

安排「說話順序」

說完「開場白」和「戳中要點的理由」後，接著說出讓對方採取行動的「具體請求內容」。

「開場白↓理由↓請求內容」這個說話順序就是我想出來的「東大必勝說話術」。

但如前所述，商場上有時會有省略開場白，直接從結論的請求內容開始說的情況。

舉例來說，像是「**電梯簡報**」。

這是先向對方傳達結論（具體的請求），再接著說明理由的說話方式，例如「以結論來說，我想要〇〇。理由有三個……」

電梯簡報一詞是源自「在抵達樓層前，向一起搭電梯的人簡單扼要地傳達事情」之意。

如果對方已經做好心理準備，處於「希望從結論快速說完的模式」，可以用「結論（請求內容）↓理由」的說話方式。

像是**「上司指示的報告」**或**「時間有限的發表」**等，對方明確希望「簡單扼要地傳達的情況」，最好先從結論（請求內容）開始說。

不過，即使必須在短時間內說完，還是建議加上開場白，使用**「開場白↓結論（請求內容）↓理由」**的說話方式。好比這樣的情況：

「部長，可以打擾您一分鐘嗎？關於〇〇這件事，從結論來說，我想向B公司下訂單，請您同意。理由有三個……」

「開場白↓結論（請求內容）↓理由」比起之前的**「開場白↓理由↓結論（請求內容）」**是更直接的說話方式。

無論是「開場白↓理由↓結論（請求內容）」或「開場白↓結論（請求內容）↓理由」，請先考量對方的心理狀態，再安排順序。這時候，確認對方是否想要馬上知道結論是重點。

但商場上並非總是要求「從結論快速說完」。前文曾提到的主動向上司提出改善提案或促使對方改善等情況，「從結論快速說完」的方式會讓對方產生抗拒感。

「不要長篇大論」固然是重要的前提，還是要因應實際情況做調整。

另一方面，若是私人的請求，**比起在意占用對方的時間，應該把重點鎖定在對方的「心情」**。

若是私人請求的情況，**「開場白↓理由↓結論（請求內容）」**是基本的說話順序。

依照這個順序，使用貼近對方心情的說話方式，更不會反抗對方的心思，容易獲得「同意」。

Todai way of speaking

「精簡」統整請求內容

在說服對方的時候，「精簡統整資訊」也很重要。

若是超過「一分鐘」的內容，對方會覺得很冗長。順帶一提，說話一分鐘的內容量換算成文字是二五〇～三〇〇字，剛好約是本書的一頁[6]。但在日常生活中，不少人仍會覺得這樣的長度已經**「很久！」**。所以，說話時請盡可能減少多餘的資訊。例如要拜託上司的時候，如果這麼說**只要十秒**。

「百忙之中打擾您很抱歉，因為只能拜託部長了。關於這個文件的數字，可以請您現在告訴我嗎？」

請各位記住，無論是公事或私事，「簡單扼要地傳達想說的事」。

長篇大論的內容讓人聽不進去……

前幾天真的很謝謝您。其實以前我就在想，不，是有在思考一件事。這麼說來，應該是兩年前部長負責的案子。兩年前的案子是指………………
可以請您讓我看一下當時的文件嗎？

幾句話就搞定！

百忙之中打擾您很抱歉，
因為只能拜託部長了。
關於這個文件的數字，
可以請您現在告訴我嗎？

6 日文二五〇～三〇〇字約中文字一七五～二一〇字；「本書的一頁」指日文原書的版面。

Todai way of speaking

想說的事控制在「三項」以內

儘管已經把要說的內容精簡統整，因為太努力想要傳達給對方，「理由」的部分反而變多。這時候請留意，即使理由變多，也要控制在三項**以內**。

為了簡單扼要地傳達請求，資訊少一點比較好，說太多對方記不住。

就像第一章提到的「聚餐（在定期聚會向成員熱情推薦很難預約的餐廳）」那樣，**說了一大堆還是白忙一場，對方很難聽進去，這點請留意。**

左圖是把「理由」統整為三項的例子。

希望對方回答問卷調查的問題

開場白 ＜ 防止被對方的舊腦封鎖

只要 3 分鐘就好，請您幫個忙 限定

理由 ＜ 可以統整為以下 3 項

①為了減輕業務負擔 好處
②為了掌握現況 好處
③為了統整大家的意見 好處

請求內容 ＜ 連同具體的期限一起傳達

請您在這週內完成問卷調查

想說的事統整在三項以內，盡可能簡單扼要地傳達，
對方比較容易採取行動。

開場白使用表示「限定」的「只要三分鐘就好」，預想對方是「邏輯型」，從六大要點之中選擇「好處」，統整出三項理由。

最後具體告訴對方「請您在這週內完成問卷調查」，設下明確的期限，提出請求。

CHAPTER 6

實踐篇

「6 大要點」是指？

類型	要點	例句
邏輯型	①好處	這個 CP 值最好
	②一貫性	你以前這麼說過
感情型	③真心話	其實我也～／老實說我很～
	④團結感	請讓我和你一起思考
政治型	⑤大家	大家都選這個／這個最受歡迎
	⑥權威	因為是排行榜第一／因為是業界龍頭的廠商

「4 種開場白」是指？

	重點	例句
①太陽訊息	利用積極正面的話語 讓對方容易接受	平時很謝謝您／ 昨天你幫了我很大的忙喔
②商量模式	雖然是請求， 卻是說「商量」	利用積極正面的話語 讓對方容易接受
③限定	以鎖定的說法 營造重要性	因為是你， 所以想拜託你
④消除 NO	先消除對方的 拒絕話語	我知道您很忙

【複習】何謂「東大必勝說話術」

東大必勝說話術（「3・6・4」的說話結構）

Step 1
將對方分為「3 種類型」

邏輯型	感情型	政治型

Step 2
利用「6 大要點」，製造讓對方採取行動的理由

邏輯型	好處（CP 值）	一貫性（與過去的連貫）
感情型	真心話（真誠的感情）	團結感（你和我是同伴）
政治型	大家（大家的意見）	權威（某人的意見）

Step 3
使用「4 種開場白」

太陽訊息（用積極正面的話語開口）	商量模式（借助對方的力量）
限定（用「只～」營造重要性）	消除 NO（消除預想到的拒絕話語）

區分「3 種類型」的方法

作決定的時候
- 自我意見強烈
  - 重視是否合理 → **邏輯型**
    - 擅長彙整資訊，說話有條理，例如「結論是」、「理由有三個」等
    - 重視原則或一致性
    - 給人冷淡的感覺
  - 重視是否喜歡或討厭 → **感情型**
    - 使用「好厲害、好棒」、「～的感覺」等感情的表現
    - 喜惡分明、顯現感情
    - 誠實坦率
- 自我意見薄弱 → **政治型**
  - 在意「○○先生／小姐」等第三者的意見
  - 重視排名或品牌
  - 迴避表達意見的風險

CASE 01

提出請求（約喜歡的人出去）

有求於人的時候，**如果心中先冒出被拒絕的不安，說起話來就會變得拐彎抹角，或是過於低姿態的哀求對方**。這麼一來，對方對於就算拒絕也沒損失的請求，心裡會想「先回答『我會考慮』，假如沒興趣，之後再拒絕吧……」低姿態的哀求會讓你的請求變得微不足道。

另一方面，因為「不想被拒絕」的念頭太強烈，給對方帶來壓力，令對方感到害怕。因此，有求於人的時候，先進行**「導向OK的合理化」，讓對方無法拖延或拒絕的說話方式很重要**。

如果是約會的邀約，應該先解除舊腦的警戒，像是把「**約會**」換成「**約吃飯**」，再根據對方的類型提出邀約。

約會的邀約

政治型	感情型	邏輯型
我想去最近很紅的那家店，但一個人去有點尷尬	我想和你再多聊一聊	我記得你說過「喜歡吃中菜」

這星期可以和我一起去嗎？

解說

邏輯型

從對方過去的發言建立「**一貫性**」，使用「**消除NO**」**的開場白**讓對方無法用「不方便」當作理由。像是這樣說：

我可以配合〇〇先生／小姐的時間，我記得你說過喜歡吃中菜，如果你不介意的話，這星期的午餐一起去吃中菜好嗎？

感情型

不是刻意想出來的話語，用坦率的「**真心話**」開口邀約。開頭使用「**太陽訊息」的開場白**，用自己的話傳達真正的心情很重要。

開會的時候有○○先生／小姐在，氣氛就會很愉快。我想和你再多聊聊，這星期可以一起吃午餐嗎？

政治型

「一起吃飯會被誤會成喜歡對方」、「旁人看了會以為我們在交往」，像這樣為了迴避對方認為的「風險」，利用名廚的「**權威**」，讓對方覺得即使和自己在一起也有藉口的說話方式。開頭使用**「商量模式」的開場白**。

有一件事想和你商量，我很想去那位名廚開的人氣餐廳，但一個人去總覺得有點尷尬……這星期可以和我一起去嗎？

CASE 02

拜託難以啟齒的事（希望對方改掉壞習慣）

拜託難以啟齒的事，真的不容易對吧。

第一個想到的大概就是「希望對方改掉某個習慣」這種請求。

「如果說了會不會傷害到對方……」，對此感到很在意。

即使鼓起勇氣說出口，還是希望不被對方討厭。

話雖如此，**如果說得太委婉，對方不是直覺敏銳的人就不會察覺。假如直接了當地說，搞不好會吵架**……真的好為難。

這時候，請準備理由，將對方的大腦「導向改變行為的合理化」。例如，向另一半說出一直讓你很在意的壞習慣。

希望對方改掉壞習慣

政治型

那是異性討厭的壞習慣「前三名」

感情型

不想讓孩子跟著學

邏輯型

看起來好像心情不好

可以不要抖腳嗎？

解說

邏輯型

將「看起來好像心情不好」的「**壞處**」，用「我知道你沒那個意思」這種「**消除NO**」**的開場白**說出口。

我知道你沒那個意思，但是看起來好像心情不好，可以不要抖腳嗎？

感情型

雖然是傳達「**真實**」的感情，為了不讓對方覺得不分青紅皂白被指責，加上「**商量模式**」**的開場白**。

有件事和你商量一下，因為不想讓孩子跟著學，希望你不要抖腳了。

政治型

在「只有一件事」的**「限定」開場白**後，利用容易戳中政治型的**「權威」**（排行榜資訊）這個要點，傳達希望對方改善的要求。

只有一件事讓我很在意，聽說這是「異性討厭的壞習慣」的前三名，所以可以請你不要抖腳嗎？

CASE 03

說動固執的人（說服頑固的父母）

和「個性固執不想改變的人」溝通，各方面都要很留意。如果對方的固執是有正當的理由，還有說服或交涉的餘地，若只是「成見」的固執，就會很棘手。

這時候，假如試圖反駁對方或拚命說服，**對方的舊腦會全面啟動「不能被說服」的警報，變得很頑固**。

因此，面對這種情況，**不要否定對方的「固執」，製造讓對方覺得「合理」的理由，他們自然就會採取行動**。

不是告訴對方「你那麼固執是錯的」，只要說出「採取行動」的理由即可。

例如，因為怕麻煩不想使用手機的父母，說服他們使用手機的情況。

說服頑固的父母

政治型	感情型	邏輯型
現在七十多歲的人都在使用	我女兒想和您視訊通話	十分鐘就能學會怎麼用

您要不要用手機呢？

解說

邏輯型

把「十分鐘就能學會怎麼用」的**好處**，用**「商量模式」的開場白**說出來，對方或許就會想「這麼短的時間可以學會的話，那就用用看吧」。

（爸／媽，）有件事和您商量，十分鐘就能學會怎麼用的話。您要不要用手機呢？

感情型

「媽，我家孩子真的很喜歡您」，像這樣用**「太陽訊息」的開場白**開口，父母聽了應該不會不高興。然後，利用「我們一起聊天」的**「團結感」**，說動頑固的父母。

媽，我家孩子真的很喜歡您。
她說想和您視訊通話，您要不要用手機呢？

政治型

利用對政治型一定有效的**「大家」**這個要點，以「現在七十多歲的人都在使用」作為理由。這時候，為了避免對方用「很麻煩」來拒絕，使用**「消除NO」的開場白**開口。

聽說什麼都嫌麻煩會加速老化喔！現在七十多歲的人都在使用，爸，
您要不要用手機呢？

CASE 04

說動有反抗心的對象（督促叛逆期的孩子念書）

不只是人類，所有動物都會將危及自身安全的對象視為「**警戒**」對象。**當對方對你有反抗心，要讓他採取行動是相當困難的事。**

不小心說錯話，對方的「**舊腦**」就會發出警報。

面對有反抗心的人，劈頭就說的方式會引起對方的反彈，必須留意使用不否定對方的表達方式。假如用了情緒化的字眼而產生口角，對方自然不會輕易「同意」。

因此，這時候**不要讓對方覺得是被強迫接受「你希望他做的事」**，主動**製造理由，讓對方的大腦進行「同意」的合理化。**

在此，以督促叛逆期的孩子念書為例。

督促孩子念書

政治型	感情型	邏輯型
聽說○○和□□最近都很認真念書	我也會一起念書	為了不讓打電動的時間變少

現在來寫功課吧

解說

邏輯型

把「可以有時間打電動」這個**「好處」**和「只要三十分鐘就會寫完」的**「限定」開場白**一起說出口，誘發對方採取行動。

只要三十分鐘就會寫完，為了不讓打電動的時間變少，現在來寫功課吧。

感情型

為了不讓對方以「提不起勁」來逃避，先用**「消除ＮＯ」的開場白**「我知道你不想寫」向對方表達共鳴，接著再說「我也會一起念書」傳達**「團**

結感」。

我知道你不想寫。
不過，媽媽也會一起念書。所以，現在來寫功課吧。

政治型

開頭先用「**太陽訊息**」**的開場白**營造積極正面的氣氛，再舉出和孩子感情要好的朋友的名字，告訴他「**大家**」都這麼做。

別人家的爸爸媽媽說你很棒呢！
聽說和你很要好的○○和□□最近都很認真念書，你現在也來寫功課吧。

CASE 05

成功達成要求（要求餐廳給好一點的座位）

「**姑且一試**」是指，明知不可能，依然嘗試去做。試著提出要求，卻沒有抱太大期望。話雖如此，既然都開口了，還是希望能夠達成。

這種情況之所以困難，是因為對方認為「**沒有回應要求的義務**」。**假如對方拒絕要求也不會有損失的話，該怎麼說才有可能讓對方願意傾聽要求。**

重點是，處理要求的人「**對於什麼會產生認同感**」。只要在這一點下工夫，對方的大腦就會進行合理化。例如打電話到餐廳訂位，要求坐在靠窗「好一點的座位」。因為是透過電話溝通，看不到對方的表情，加上彼此不認識，所以要從對話中摸索，找出對方的類型。

要求好一點的座位

政治型	感情型	邏輯型
其他餐廳都會幫忙處理	因為是重要的紀念日	如果OK的話，我現在馬上訂位

要求靠窗的座位

解說

邏輯型

把「如果OK的話，我現在馬上訂位」的「好處」和「**太陽訊息**」的開場白一起說出口。

我看了貴店的網站覺得真的很棒。如果OK的話，我想現在馬上訂位，可以給我靠窗的座位嗎？

感情型

以鄭重的「**商量模式**」**的開場白**開口，告訴對方「因為是紀念日，想坐在特別一點的位子」，利用「**真心話**」讓對方產生共鳴。

有件事和您商量，因為是重要的紀念日，可以給我靠窗的座位嗎？

政治型

先說**「消除NO」的開場白**「如果不會造成困擾」，再用代表**「大家」**的「因為這是工作的聚餐，其他餐廳都會幫忙處理」提出要求。

如果不會造成困擾，其實這是工作的聚餐，其他餐廳都會幫忙處理，請問可以給我靠窗的座位嗎？

CASE 06

讓初次見面的人採取行動（和客戶預約下一次的會面）

向初次見面的人提出請求會覺得很緊張。

在彼此還不熟悉的狀態下，如果提出有負擔的要求，擔心「會不會造成對方的困擾」。這種情況比起私事，也許是商場上比較常見。

假如是在工作場合和初次見面的人開完會後，想提出下一次見面的要求時，該怎麼說比較容易獲得對方的同意呢？

重點是加入「（即使時間短暫）在這段時間得到的資訊」，製造下一次見面的理由。在對話過程中，對方說了什麼，根據對方釋出的資訊，製造讓他採取行動的理由。

預約下一次的會面

政治型	感情型	邏輯型
大部分的人會在第二次見面後進行評估	因為想幫助您	因為想回覆您剛才的提問

請和我再見一次面

解說

邏輯型

先說表達感謝心情的「**太陽訊息**」**的開場白**，利用「回覆您剛才的提問」的「**一貫性**」提出要求。

感謝您今天抽空和我見面，因為想回覆您剛才的提問，可以和我再見一次面嗎？

感情型

利用「我想幫助您！」的「**真心話**」，向對方傳達共鳴。開頭使用「再一次就好」這個「**限定**」**的開場白**。

再一次就好，能夠再和您聊聊嗎？因為我真的很想幫助○○先生／小姐。可以和我再見一次面嗎？

政治型

利用「**大家**」這個要點，以「其他人大概都會見第二次面」作為理由，用「**消除NO**」**的開場白**「如果這次談話沒有離題」說出口。

如果這次談話沒有離題，大部分的人都會在第二次見面後進行評估，可以和我再見一次面嗎？

CASE 07

獲得反應冷淡的人的「同意」（讓顧客購買商品）

和「反應冷淡的人」溝通的難處，就是因為對方反應冷淡，不知道自己說的話是否有影響到對方。

根據敝公司進行的調查，詢問3933名業務「感到棘手的場合是什麼」，最多人的回答是「和反應冷淡的顧客對話」。這時候要思考「對方為何反應冷淡」，必須針對那個理由出招。

假如對方是邏輯型，「因為看不到好處，所以反應冷淡」。如果是感情型，「因為不知道怎麼表達，所以反應冷淡」。若是政治型，「因為在意風險，所以反應冷淡」。藉由具體的預想，擬定對策。

例如，業務想讓顧客購買商品的這種情況。

讓顧客購買商品

政治型	感情型	邏輯型
那家企業也有採用	我想和您一起實現理想	這是CP值很高的商品

請您購買

解說

邏輯型

如果預想對方是「邏輯型」，把「CP值高」的**「好處」**用「如果不會超過預算」的**「消除NO」的開場白**說出口。

如果不會超過預算的話，這個CP值很高，您要不要試著用用看呢？

感情型

即使對方反應冷淡，如果覺得是「感情型」，用**「太陽訊息」的開場白**會很有效。比起「業務和顧客」的關係，利用**「團結感」**這個要點，讓對方感受到彼此是「目標相同的同伴」。

感謝〇〇先生／小姐和我說了這麼多，我想和您一起實現理想，您要不要試著用用看呢？

政治型

如果對方流露出「政治型」的氣息，用「貴公司的社長也特別關注」等「**限定」的開場白**通常會有效。然後，再用「那家有名的A公司也有採用」等具有「**權威**」的實際成果，讓對方產生安心感。

貴公司的社長也很關注的A公司也有採用這個商品，您要不要試著用用看呢？

CASE 08

讓忙碌的人採取行動（讓上司批准提案）

讓忙碌的人採取行動的典型情況是，工作上獲得上司的同意。

對著忙碌的人長篇大論，對方會說**「我現在沒時間聽你說，你先交上來，我之後再看」**（那句「之後再看」，基本上就是不會看了……）。

要讓忙碌的人「同意」，必須有讓對方立刻作出「同意」判斷的「理由」。

即使運用邏輯思考，說出「理由有三項……」，不符合對方腦中的「合理」就無法獲得「同意」。

因此，配合「邏輯」、「感情」、「政治」這三個類型，**製造心服口服的理由很重要**。

例如，讓忙碌的上司同意業務改善的提案這種情況。

獲得上司的同意

政治型

業界六成都有採用

感情型

我們整個團隊都想實行

邏輯型

這是針對您的意見做出的提案

請您批准

解說

邏輯型

為了獲得同意，以**「一貫性」**出招。告訴對方「這是針對部長的意見做出的提案」，對方就會想「是那件事啊」，比較容易接受。把以前得到建議的事實當作**「太陽訊息」的開場白**使用。

感謝您之前的建議。這是針對部長的意見做出的提案，請您批准。

感情型

向對方傳達「整個團隊都想實行」的**「團結感」**，用**「商量模式」的開場白**「能否請您給予幫助」說出口。

部長，能否請您給予幫助？希望部長能夠帶領團隊一起實行。請您批准這個提案。

政治型

這個情況下必須明確提示「風險對策」。因此，先用**「消除NO」的開場白告訴對方這麼做會**「降低風險」，再利用「業界六成都有採用」的「大家」製造安心感，獲得上司的「同意」。

這是已經做過降低風險評估的內容，而且業界六成都有採用，請您批准這個提案。

CASE 09 讓成員採取行動①（指導後進改善失誤）

如果在組織中是有一定程度的立場，要讓後進或成員採取行動的情況就會增加。

近年職場上出現了**「職權騷擾」**或**「心理安全感」**[7]之類的主張，所以**不少主管都會說「很難指導部下」**。而且，即使是管理階層，動用權限叫人去做事，對方也不會照做。**如果展露出「因為我是上司」的態度，有時對方會變得畏縮。**

假如自己的年紀或職位高於對方，要提醒自己**「製造讓對方欣然採取行動的理由」**。例如，「指導錯字漏字很多的後進改善失誤」這種情況。

7 Psychological Safety，人們可以自在表達自我、安心做自己的氛圍。

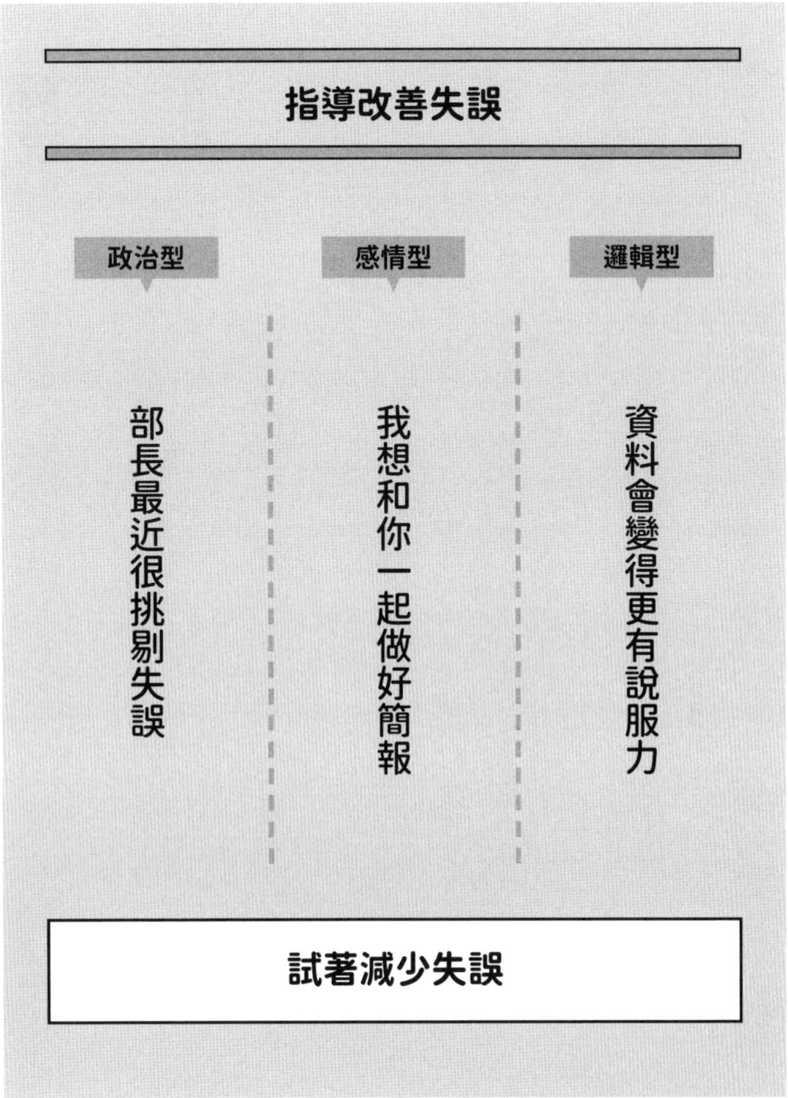
指導改善失誤
政治型
部長最近很挑剔失誤
感情型
我想和你一起做好簡報
邏輯型
資料會變得更有說服力
試著減少失誤

解說

邏輯型

把只要減少錯字漏字就能提高說服力的「**好處**」，用「**限定**」的開場白「唯一可惜的是……」說出口。

〇〇先生／小姐很優秀，唯一可惜的是「錯字漏字」這件事。
只要減少失誤，資料就會變得很有說服力。請你試著減少失誤。

感情型

為了讓對方積極接受指導，用「**太陽訊息**」的開場白「我知道你很努力」傳達共鳴。接著再說「我想和你一起做好簡報」，表現「**團結感**」。

我知道你很努力喔。不過，我很想和你一起做好簡報，請你試著減少資料的錯字漏字。

政治型

政治型對於「部長最近很挑剔失誤」等「**權威**」相關的資訊很敏感。為了不讓對方用「很忙」當作藉口，開頭先說「希望你可以花一點時間做確認」的「**消除NO」的開場白**。

希望你可以花一點時間做確認，因為部長最近很挑剔失誤，請你試著減少錯字漏字。

CASE 09

讓成員採取行動②（讓年長的部下在截止日期前完成工作）

同樣是讓成員採取行動的情況，這是「讓年長的部下採取行動」。

這種情況越來越多，當對方比自己年長時，如果強勢地認為「我是上司，該說的時候還是要說」，對方不會把你的話聽進去。

要是被部下輕視，工作起來也不會順利。可是，也不能為了「展現上司的威嚴」表現得太過強勢。

因此，這時候除了不要太低姿態，配合對方的類型，「具體傳達希望對方做的事」很重要。

例如，「讓年長的部下在截止日期前完成工作」這種情況。

說動年長的部下

政治型	感情型	邏輯型
因為公司規定所有人要在截止日期前完成	現在我也會一起做	因為之前你說過今天會做完

請完成工作

解說

邏輯型

如果對方說過「我會在截止日期前完成」之類的話，根據他說過的話，以「**一貫性**」製造理由（假如對方沒有這麼說，請先試著問問看「大概何時可以做完」）。開頭用「**太陽訊息**」**的開場白**降低對方的抗拒感。

前幾天謝謝你！對了，你說「今天會做完」的那個工作，今天可以完成吧？

感情型

為了不讓對方拖延不想做的事，利用表示「**團結感**」的「一起做」當作理由。不過，突然說「我們一起做吧」會令對方感到唐突，所以用「**商量模式**」**的開場白**開口。

因為公司有規定截止日期，我想和你商量一下。接下來我也會一起做，今天我們一起完成這個工作好嗎？

政治型

利用「**大家**」這個要點，以「公司規定所有人都要做」為理由，用「**消除NO」的開場白**「如果沒有其他急事」說出口。

如果沒有其他急事要處理，公司規定所有人都要做，可以請你在今天完成這個工作嗎？

CASE 10

把「拒絕」變成「同意」（請求其他部門的協助）

前文曾提到「先讓對方說出拒絕的理由就輸了」。

若對方的大腦已經進行「拒絕的合理化」，要讓對方改變心意並不容易。

不過，有時即使對方拒絕了，還是得**重新說服**對方。

要把「拒絕」變成「同意」，必須針對對方的拒絕話語，從別的角度「給予同意的意義」。一直苦苦哀求「拜託您幫幫忙……」，對方不會改變心意，而是會說**「很抱歉，我還是沒辦法」**。

例如，其他部門用「很忙」為由，拒絕協助公司內部專案這種情況。

請求協助

政治型	感情型	邏輯型
其他部門都有派人幫忙	需要你的部門的支援	對你的部門也有好處

請給予協助

解說

邏輯型

為了不讓對方再次以「忙碌」為由拒絕，先用**「消除NO」**的開場白「我知道你們很忙」開口，接著說出**「好處」（CP值）**。

我知道你們很忙，但對你的部門也有好處，可以派人協助這個專案嗎？

感情型

用「平常很感謝你」的**「太陽訊息」的開場白**動之以情，然後再用「真的很需要你的部門的支援」的**「真心話」**為理由提出請求。

平常很感謝你的幫忙。這次真的很需要你的部門的支援。可以派人協助這個專案嗎？

政治型

使用**「限定」的開場白**「這次的專案格外重要」，利用「**大家**」這個要點，以「其他部門都有派人幫忙」作為理由。

這次的專案格外重要，其他部門都有派人幫忙，可以派人協助這個專案嗎？

CASE 11

讓習慣拖延的人作決定（實現約定）

有時提出請求後，對方卻說**「我會考慮」**，用含糊的態度推託。

因為**人類的大腦會把維持現況正當化**，若是改變行為的提案，「新腦」就會進行「維持現況」的合理化。

可是，不想一直等待乾著急的話，這時候該如何催促對方作決定？

遇到這種情況，語氣要盡可能柔和，必須讓對方確實感受到「現在要採取行動的理由」。

例如，夫妻以前說好要去旅行，想讓對方在年底實現這個約定的情況。

讓習慣拖延的人作決定

政治型	感情型	邏輯型
大家都會慶祝結婚十週年	我很期待可以一起去	你以前說過「今年要去」

我們去旅行吧

解說

邏輯型

用「你以前說過今年要去」的**「一貫性」**為理由，促使對方作決定。為了不讓對方以「忙碌」為由拒絕，用**「消除NO」的開場白**「如果沒有無法推掉的約定」開口。

如果沒有無法推掉的約定，你以前說過「今年要去」的旅行，我們年底就出發吧？

感情型

向對方傳達「我很期待可以一起去」的**「真心話」**。不過，為了不讓對方有被強迫接受的感覺，加上**「商量模式」的開場白**。

有件事想和你商量，我很期待可以一起去，年底我們去旅行吧？

政治型

使用**「太陽訊息」的開場白**，利用**「大家」**這個要點，以「大家都會慶祝結婚十週年」作為理由。

今年是我們結婚十週年。大家都會慶祝十週年，年底我們去旅行吧？

CASE 12

促使多數人採取行動（分擔地區的工作）

面對複數的對象，最好根據個別的類型進行溝通，但有時候必須同時向多數人提出要求。這時候，**先鎖定「關鍵人物是哪個類型」**，或是「**當中哪個類型占多數」**。

然後，透過一次的溝通讓大部分的人採取行動。假如必須另外進行溝通，再個別接觸。

無論如何，「從三個類型中鎖定焦點」是上上之策。

例如，向社區的多數人提出擔任負責人這種情況。

請求分擔工作

政治型	感情型	邏輯型
基本上大家都有負責一項工作	我想和你一起做好簡報	資料會變得更有說服力

請求擔任負責人

解說

邏輯型

如果這個類型是關鍵人物，把「可以培養人際關係，擴展人脈」的**「好處」**，用**「限定」的開場白**「特別是對於～的人」說出口。

特別是對於有小孩的人來說，可以培養人際關係，擴展人脈，可以請你擔任負責人嗎？

感情型

先說**「太陽訊息」的開場白**「之前謝謝你」，再用「有你在，氣氛就會變得熱鬧愉快」的**「真心話」**為理由提出請求。

之前謝謝你！有〇〇先生／小姐在，氣氛就會變得熱鬧愉快，可以請你擔任負責人嗎？

政治型

將「基本上大家都有負責一項工作」的「**大家**」這個事實，用「**消除NO」的開場白**「如果沒有不方便的情況」說出口。

如果沒有不方便的情況，基本上大家都有負責一項工作，可以請你擔任負責人嗎？

CASE 13

推銷自己（在面試的時候宣傳自己）

向初次見面的人介紹自己。

特別是在工作場合，自我介紹的機會很多。

不過，像我這樣不擅言詞的人，即使到了這把年紀，**遇到向初次見面的人介紹自己這種情況，坦白說有時還是會覺得心情沉重。**

很努力想推銷自己，多數人會出現「話變多」的傾向。因為不知道能否被認同的不安，不斷地補充資訊，結果**反而讓對方聽不懂自我介紹的內容。**

這時候，「說話的結構」就能派上用場。

配合對方的類型，思考應該如何宣傳自己。

例如，在「面試」的時候做自我介紹這種情況。

推銷自己

政治型	感情型	邏輯型
雖然已經得到其他公司的錄取，但貴公司是我的第一志願	我想和貴公司一起創造理想的將來	我認為我的稀有經驗對貴公司會有所幫助

請給我機會為貴公司效力

解說

邏輯型

向面試官傳達「像我這樣的人才很少（很珍貴）」的**好處**。這時候，利用「**消除NO**」**的開場白**強調「像我這樣少見的人」，令對方留下深刻印象。

如果貴公司沒有和我有相同經驗的人，我認為我的稀有經驗對貴公司會有所幫助，請給我機會為貴公司效力。

感情型

以「**太陽訊息**」**的開場白**感謝對方「讓自己能夠暢所欲言」，利用「理想的將來」這個關鍵字，表達自己的願景和公司的願景相同，想一起工作的

「共鳴」。

感謝您今天讓我有機會暢所欲言。
我想和貴公司一起實現理想的將來，請給我機會為貴公司效力。

政治型

為了讓對方不在意風險，提出「已經得到其他公司的錄取（＝自己是優秀人才）」這樣的理由令對方感到安心。假如在現在的公司也有良好評價，也可向對方傳達這件事。開頭使用**「限定」的開場白**，讓你說的話聽起來更有力。

透過今天的面試讓我更加確信一件事。雖然已經得到其他公司的錄取，
因為貴公司是我的第一志願，請給我機會為貴公司效力。

後記 對說話這件事感到棘手的你

自從懂事以來，害怕無法和人好好說話的「自卑感」始終困擾著我。

至今我仍清楚記得幼稚園的時候發生過一件事。

那天放學，在娃娃車快要出發前，我突然很想上廁所。

上完廁所，當我走出離娃娃車有些距離的廁所，看到了校工的身影。其實那時只要說一句「請等等我」就好了，但我卻說不出口，眼睜睜看著娃娃車在眼前離開。

後來，我獨自搭上開回幼稚園的娃娃車返家。

「像我這種人不可以給大家添麻煩」，當時我只說得出這句話。

很想擺脫「自卑感」

國小和國高中時期，「像我這種人……」的自卑感一直伴隨著我。

在遠足或校外教學的自由活動時間，「和好朋友團體行動」是最令我難受的事。因為我總是很擔心「要是沒人找我該怎麼辦？」

如此缺乏自信的我，之所以報考東大，除了考量到家裡的經濟狀況，也是因為「很想改變人生」。

不過，雖然如願考上東大，參加在日本武道館舉行的入學典禮，見到打扮光鮮亮麗的親子檔，他們散發的「幸福氛圍」令我喘不過氣。腦中頓時浮現「像我這種人不能出現在這裡」的念頭，只待了五分鐘便匆匆離去。

知道「說話方式」改變了我的人生

這樣的我進入東大，遇見了「口才不算好，說出來的話卻很有說服力」

的東大人，簡直是人生中的重大「發現」。

我心想「即使是不擅言詞的我，如果有這樣的能力，和別人溝通時或許就沒問題了！」

果不其然，這個發現讓我的人生變得截然不同。

也許對多數的東大畢業生來說，學位、知識或人際網絡是「念東大得到的財產」。但對我而言，那個財產是「說話方式」。

許多人為了「怎麼說話」而煩惱

大學畢業進入職場工作，我在成為社會人的第三年創業，那時候困擾了我將近二十年的「自卑感」消失了。

三十五歲左右，某位擔任經營者的朋友向我提出這樣的請託：「希望你分享你的社會人經驗，給即將面臨求職面試的年輕人一些建議。」

那位朋友從事支援拒學者的求職活動。

到了會場，見到一群「無法和人好好說話，也無法如願踏出家門的人」。逐桌與參加者談話時，看到他們掌心冒汗的緊張模樣，令我感到很揪心。汗水濕透衣服，說話時不停用手帕擦臉的那副模樣，就像過去的我。「越是告訴自己不要緊張卻全身發熱，反而變得更加慌張」，我很了解那樣的心情。

頓時，那股困擾了我二十年的感覺彷彿重現。

於是，我大幅修改原本準備好的流程，先和他們聊起年少時期的經歷。接著再說明說話方式，一起進行面試的練習。結束後看到他們的笑容，我深刻感受到學會說話方式的「結構」是很棒的一件事。

人活在世上必須互相幫助

我們活在「必須讓他人採取行動」的世界，反過來說，也就是「人活著要互相幫助」。

在我感到很煩惱的那二十年，多虧周圍親切人們的幫助才能撐下來。

因為許多人的幫助造就了「現在」的我，想要幫助其他人的念頭，促成了本書的誕生。

首先，我要感謝與我共度人生的妻子。願意接納不擅言詞，無法好好說出想說的話的我，謝謝妳讓我每天都過得很幸福。

然後是 TORiX 股份有限公司的成員，以及工作上有往來的客戶，和各位的溝通成為本書的素材，由衷地感謝各位。

「無敗業務線上沙龍」的會員岩田浩史先生、大堀英久先生、片山武先生、神谷紀彥先生、崎川真澄先生、桑原悠先生、大池牧子小姐、小堺亞木奈小姐、佐藤和世先生、七條貴子小姐、菅野裕一朗先生、瀨尾康一先生、高木智史先生、高橋幸一先生、竹林義晃先生、中野晴康先生、西山龍登先生、塙昇先生、早川隆子小姐、林田繪美小姐、藤原悠兵先生、前田浩貴先生、松島裕樹先生、宮坂和宜先生、諸岡宏一先生、渡邊詩子小姐，感謝各位寶貴的意見回饋。

另外，還要感謝在彙整本書原稿時，給予我許多建議的西山恒玄先生、森崎沙友子小姐、寺田ＮＡＯ小姐。

本書從企劃到內容，日本出版社Diamond社的石塚理惠子編輯幫了我很多忙，多虧石塚編輯讓我發現了嶄新的自己。

最後，我想再次告訴各位「即使不是天生的溝通高手，只要使用『結構』就能透過說話影響他人，採取行動」。

二十年來我從事教育事業，因為過去為了不擅言詞煩惱了很長一段時間，我想和許多人分享「做到做不到的事的喜悅」。

「做不好的痛苦」越深刻，「能夠做到的喜悅」就會越強烈。

希望本書能夠讓各位感受到活著的喜悅。

深深感謝閱讀本書至此的各位。

TORiX 股份有限公司 代表董事　高橋浩一

参考文献

- 『影響力の武器［第三版］　なぜ、人は動かされるのか』、ロバート・B・チャルディーニ（著）、社会行動研究会（翻訳）、誠信書房
- 『「こころ」はいかにして生まれるのか　最新脳科学で解き明かす「情動」』、櫻井武（著）、講談社
- 『脳はなにかと言い訳する——人は幸せになるようにできていた!?』、池谷裕二（著）、新潮社
- 『進化しすぎた脳——中高生と語る「大脳生理学」』、池谷裕二（著）、講談社
- 『史上最強カラー図解プロが教える脳のすべてがわかる本』、岩田誠（監修）、ナツメ社
- 『ニュートン式図解　最強に面白い!!脳』、久保健一郎（監修）、ニュートンプレス
- 『ビジュアル図解　脳のしくみがわかる本　気になる「からだ・感情・行動」とのつながり』、加藤俊徳（監修）、メイツ出版

國家圖書館出版品預行編目資料

全情境適用！東大必勝說話術 / 高橋浩一著；連雪雅譯. -- 初版. -- 臺北市：平安文化，2025.01 面；公分. -- (平安叢書；第 0829 種)(溝通句典；70)
譯自：「ロベタ」でもなぜか伝わる 東大の話し方
ISBN 978-626-7650-00-4 (平裝)

1.CST: 人際傳播 2.CST: 溝通技巧 3.CST: 職場成功法

494.2　　113019288

平安叢書第 829 種
溝通句典 70
全情境適用！
東大必勝說話術
「ロベタ」でもなぜか伝わる 東大の話し方

"KUCHIBETA" DEMO NAZEKA TSUTAWARU TODAI NO HANASHIKATA
by Koichi Takahashi

Original Japanese language edition published by Diamond, Inc.
Chinese (in complex character only) translation rights arranged with Diamond, Inc.
through BARDON-CHINESE MEDIA AGENCY.

本文設計—荒井雅美 (TOMOEKIKOU)
插畫設計—荒井美樹

作　　者—高橋浩一
譯　　者—連雪雅
發 行 人—平　雲
出版發行—平安文化有限公司
台北市敦化北路 120 巷 50 號
電話◎ 02-27168888
郵撥帳號◎ 18420815 號
皇冠出版社 (香港) 有限公司
香港銅鑼灣道 180 號百樂商業中心
19 字樓 1903 室
電話◎ 2529-1778　傳真◎ 2527-0904
總 編 輯—許婷婷
執行主編—平　靜
責任編輯—蔡維鋼
美術設計—江孟達、李偉涵
行銷企劃—鄭雅方
著作完成日期— 2023 年
初版一刷日期— 2025 年 1 月

法律顧問—王惠光律師

讀者服務傳真專線◎02-27150507
電腦編號◎342070
ISBN◎978-626-7650-00-4
Printed in Taiwan
本書定價◎新台幣 340 元 / 港幣 113 元